网络空间安全学科系列教材

终端安全管理实验指导

杨东晓　孙　浩　司乾伟 编著

清华大学出版社
北京

内 容 简 介

本书为"终端安全管理"课程的配套实验指导教材。全书共分为 3 章,主要内容包括终端安全管理系统的部署及基础配置、安全策略管理及故障排查。

本书由奇安信集团联合高校针对高校网络空间安全专业的教学规划组织编写,既适合作为高校网络空间安全、信息安全等相关专业的本科生实验教材,也适合作为网络空间安全相关领域研究人员的基础读物。

图书在版编目(CIP)数据

终端安全管理实验指导/杨东晓,孙浩,司乾伟编著. —北京:清华大学出版社,2021.5(2023.2重印)
网络空间安全学科系列教材
ISBN 978-7-302-57282-4

Ⅰ.①终… Ⅱ.①杨… ②孙… ③司… Ⅲ.①计算机网络−安全技术−实验−教学参考资料
Ⅳ.①TP393.08-33

中国版本图书馆 CIP 数据核字(2021)第 005038 号

责任编辑:张 民 薛 阳
封面设计:常雪影
责任校对:时翠兰
责任印制:杨 艳

出版发行:清华大学出版社
    网 址:http://www.tup.com.cn,http://www.wqbook.com
    地 址:北京清华大学学研大厦 A 座　　　　　　　邮 编:100084
    社 总 机:010-83470000　　　　　　　　　　　邮 购:010-62786544
    投稿与读者服务:010-62776969,c-service@tup.tsinghua.edu.cn
    质量反馈:010-62772015,zhiliang@tup.tsinghua.edu.cn
    课件下载:http://www.tup.com.cn,010-83470236
印 装 者:三河市人民印务有限公司
经 销:全国新华书店
开 本:185mm×260mm　　　印 张:19.25　　　字 数:439 千字
版 次:2021 年 6 月第 1 版　　　　　　　　　　印 次:2023 年 2 月第 2 次印刷
定 价:58.00 元

产品编号:085382-01

网络空间安全学科系列教材

编委会

出版说明

21世纪是信息时代,信息已成为社会发展的重要战略资源,社会的信息化已成为当今世界发展的潮流和核心,而信息安全在信息社会中将扮演极为重要的角色,它会直接关系到国家安全、企业经营和人们的日常生活。随着信息安全产业的快速发展,全球对信息安全人才的需求量不断增加,但我国目前信息安全人才极度匮乏,远远不能满足金融、商业、公安、军事和政府等部门的需求。要解决供需矛盾,必须加快信息安全人才的培养,以满足社会对信息安全人才的需求。为此,教育部继2001年批准在武汉大学开设信息安全本科专业之后,又批准了多所高等院校设立信息安全本科专业,而且许多高校和科研院所已设立了信息安全方向的具有硕士和博士学位授予权的学科点。

信息安全是计算机、通信、物理、数学等领域的交叉学科,对于这一新兴学科的培养模式和课程设置,各高校普遍缺乏经验,因此中国计算机学会教育专业委员会和清华大学出版社联合主办了"信息安全专业教育教学研讨会"等一系列研讨活动,并成立了"高等院校信息安全专业系列教材"编委会,由我国信息安全领域著名专家肖国镇教授担任编委会主任,指导"高等院校信息安全专业系列教材"的编写工作。编委会本着研究先行的指导原则,认真研讨国内外高等院校信息安全专业的教学体系和课程设置,进行了大量具有前瞻性的研究工作,而且这种研究工作将随着我国信息安全专业的发展不断深入。系列教材的作者都是既在本专业领域有深厚的学术造诣,又在教学第一线有丰富的教学经验的学者、专家。

该系列教材是我国第一套专门针对信息安全专业的教材,其特点是:

① 体系完整、结构合理、内容先进。

② 适应面广:能够满足信息安全、计算机、通信工程等相关专业对信息安全领域课程的教材要求。

③ 立体配套:除主教材外,还配有多媒体电子教案、习题与实验指导等。

④ 版本更新及时,紧跟科学技术的新发展。

在全力做好本版教材,满足学生用书的基础上,还经由专家的推荐和审定,遴选了一批国外信息安全领域优秀的教材加入系列教材中,以进一步满足大家对外版书的需求。"高等院校信息安全专业系列教材"已于2006年年初正式列入普通高等教育"十一五"国家级教材规划。

2007年6月,教育部高等学校信息安全类专业教学指导委员会成立大会暨第一次会议在北京胜利召开。本次会议由教育部高等学校信息安全类专业教学指导委员会主任单位北京工业大学和北京电子科技学院主办,清华大学出版社协办。教育部高等学校信息安全类专业教学指导委员会的成立对我国信息安全专业的发展起到重要的指导和推动作用。2006年,教育部给武汉大学下达了"信息安全专业指导性专业规范研制"的教学科研项目。2007年起,该项目由教育部高等学校信息安全类专业教学指导委员会组织实施。在高教司和教指委的指导下,项目组团结一致,努力工作,克服困难,历时5年,制定出我国第一个信息安全专业指导性专业规范,于2012年年底通过经教育部高等教育司理工科教育处授权组织的专家组评审,并且已经得到武汉大学等许多高校的实际使用。2013年,新一届教育部高等学校信息安全专业教学指导委员会成立。经组织审查和研究决定,2014年,以教育部高等学校信息安全专业教学指导委员会的名义正式发布《高等学校信息安全专业指导性专业规范》(由清华大学出版社正式出版)。

2015年6月,国务院学位委员会、教育部出台增设"网络空间安全"为一级学科的决定,将高校培养网络空间安全人才提到新的高度。2016年6月,中央网络安全和信息化领导小组办公室(下文简称"中央网信办")、国家发展和改革委员会、教育部、科学技术部、工业和信息化部及人力资源和社会保障部六大部门联合发布《关于加强网络安全学科建设和人才培养的意见》(中网办发文〔2016〕4号)。2019年6月,教育部高等学校网络空间安全专业教学指导委员会召开成立大会。为贯彻落实《关于加强网络安全学科建设和人才培养的意见》,进一步深化高等教育教学改革,促进网络安全学科专业建设和人才培养,促进网络空间安全相关核心课程和教材建设,在教育部高等学校网络空间安全专业教学指导委员会和中央网信办组织的"网络空间安全教材体系建设研究"课题组的指导下,启动了"网络空间安全学科系列教材"的工作,由教育部高等学校网络空间安全专业教学指导委员会秘书长封化民教授担任编委会主任。本规划丛书基于"高等院校信息安全专业系列教材"坚实的工作基础和成果、阵容强大的编委会和优秀的作者队伍,目前已有多部图书获得中央网信办与教育部指导和组织评选的"网络安全优秀教材奖",以及"普通高等教育本科国家级规划教材""普通高等教育精品教材""中国大学出版社图书奖"等多个奖项。

"网络空间安全学科系列教材"将根据《高等学校信息安全专业指导性专业规范》(及后续版本)和相关教材建设课题组的研究成果不断更新和扩展,进一步体现科学性、系统性和新颖性,及时反映教学改革和课程建设的新成果,并随着我国网络空间安全学科的发展不断完善,力争为我国网络空间安全相关学科专业的本科和研究生教材建设、学术出版与人才培养做出更大的贡献。

我们的E-mail地址是:zhangm@tup.tsinghua.edu.cn,联系人:张民。

"网络空间安全学科系列教材"编委会

没有网络安全,就没有国家安全;没有网络安全人才,就没有网络安全。

为了更多、更快、更好地培养网络安全人才,许多学校都在加大各方面投入,聘请优秀教师,招收优秀学生,建设一流的网络空间安全专业。

网络空间安全专业建设需要体系化的培养方案、系统化的专业教材和专业化的师资队伍。优秀教材是网络空间安全专业人才培养的关键。但是这也是一项十分艰巨的任务,原因有二:其一,网络空间安全的涉及面非常广,至少包括密码学、数学、计算机、通信工程等多门学科,因此,其知识体系庞杂、难以梳理;其二,网络空间安全的实践性很强,技术发展更新非常快,对环境和师资要求也很高。

本书为《终端安全管理》一书的配套实验教材。通过实践教学,使学生理解和掌握终端安全管理系统的部署和基础配置、安全策略管理以及故障排查。

本书共分为3章。第1章介绍终端安全管理系统部署和基础配置;第2章介绍安全策略管理;第3章介绍典型的终端故障排查方法。

本书在编写过程中得到奇安信集团的段晓光、裴智勇、张聪、刘晓军、沈志民、闫佳、翟胜军、冯涛、包宏宇、耿言、赵宇辉和北京邮电大学雷敏等专家学者的鼎力支持,在此对他们的工作表示衷心的感谢!

本书适合作为高校网络空间安全、信息安全等相关专业的实验教材。随着新技术的不断发展,今后将不断更新图书内容。

由于作者水平有限,书中难免存在疏漏和不妥之处,欢迎读者批评指正。

作 者
2021 年 2 月

目 录

第1章

部署与基本配置

本章主要介绍终端安全管理系统针对不同规模的终端体量时,终端安全管理系统控制中心、缓存服务器、数据库服务器采取的不同部署方案,包括单机、级联、全分离的部署方式,以及终端安全管理系统客户端在离线和在线方式下的部署方法。在学习本章内容时,需要了解 Windows 操作系统、Linux 类操作系统,以及 Postgre 数据库、Redius、Beanstalk 等方面的知识,以便在部署时起到辅助作用。

完成本章的学习后,可以初步完成终端安全管理系统部署的基础工作。面对复杂的应用场景,辅助初学者了解和学习终端安全管理系统部署时的基本工作流程和方法,在设计解决方案、实施工程时起到引领和指导作用。

1.1 终端安全管理系统部署

1.1.1 终端安全管理系统单机部署实验

【实验目的】

掌握终端安全管理系统控制中心部署与升级服务器部署方式,同时掌握终端安全管理系统客户端在 Windows XP、Windows 7、Linux 操作系统下的部署安装。

【知识点】

控制中心部署、升级服务器部署、拓展包安装、终端客户端安装。

【场景描述】

A 公司目前主要有 Windows XP、Windows 7、Linux 终端,终端总量不超过 8000 台。为保障内部终端安全,通过终端安全管理系统统一安全管理。张经理要求运维工程师小王针对公司目前终端和网络的状况设计相关部署方案,请帮助小王选择合适的方式部署终端安全管理系统。

【实验原理】

在终端数量少于等于 8000 点的情况下,直接安装终端安全管理系统控制中心,其他组件一站式部署在同一台服务器(服务器硬件需满足相关的性能需求)上工作即可。

升级服务器只提供终端的升级服务,适用于终端到控制中心/应用服务器之间带宽资源紧张的场景。通过在靠近终端的网络位置上部署升级服务器,可以缓解终端升级对用户网络带来的压力。

终端安全管理系统拓展包支持 Linux 系统和国产操作系统的终端安装包,如未选择安装终端安全管理系统拓展包,则终端安全管理系统不支持 Linux 系统和国产操作系统客户端安装。

【实验设备】

主机设备:Windows Server 2008 R2 主机 2 台,Windows XP 主机 1 台,Windows 7 主机 1 台,Red Hat Enterprise Linux Server 6.0 主机 1 台。

网络设备:交换机 1 台。

【实验拓扑】

实验拓扑如图 1-1 所示。

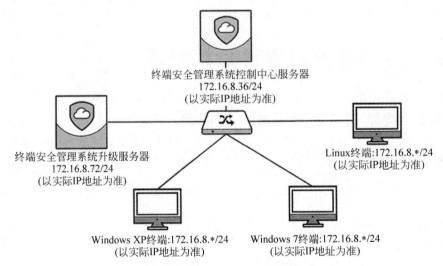

图 1-1　终端安全管理系统单机部署实验拓扑

【实验思路】

（1）部署终端安全管理系统控制中心。

（2）部署终端安全管理系统拓展包。

（3）部署终端安全管理系统升级服务器。

（4）分别在 Windows 7、Windows XP、Linux 操作系统上部署终端安全管理系统客户端。

【实验步骤】

1. 部署终端安全管理系统控制中心

（1）进入实验平台对应实验拓扑,进入终端安全管理系统控制中心服务器,如图 1-2 所示。

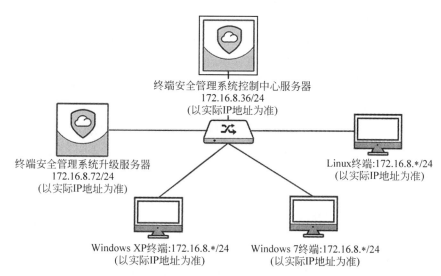

终端安全管理系统控制中心服务器
172.16.8.36/24
(以实际IP地址为准)

终端安全管理系统升级服务器
172.16.8.72/24
(以实际IP地址为准)

Linux终端:172.16.8.*/24
(以实际IP地址为准)

Windows XP终端:172.16.8.*/24
(以实际IP地址为准)

Windows 7终端:172.16.8.*/24
(以实际IP地址为准)

图 1-2　进入终端安全管理系统控制中心

（2）双击运行桌面终端安全管理系统安装包,如图 1-3 所示。

（3）在安装界面单击"下一步"按钮,如图 1-4 所示。

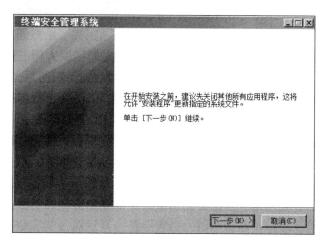

图 1-3　终端安全管理系统安装包　　　　图 1-4　单击"下一步"按钮

（4）选择"我接受'许可证协议'中的条款"单选按钮并单击"下一步"按钮,如图 1-5 所示。

（5）选择安装路径(本实验选择默认安装路径),单击"下一步"按钮,如图 1-6 所示。

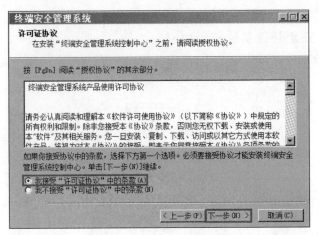

图 1-5　单击"下一步"按钮

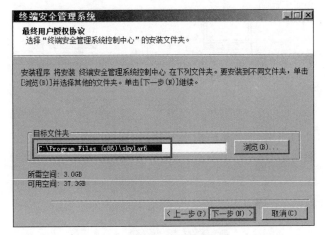

图 1-6　单击"下一步"按钮

（6）弹出磁盘空间提醒界面，单击"确定"按钮，如图 1-7 所示。

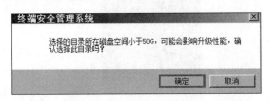

图 1-7　单击"确定"按钮

（7）填写控制中心名称，本实验使用默认名称，然后单击"下一步"按钮，开始安装，如图 1-8 和图 1-9 所示。

（8）取消勾选"运行终端安全管理系统控制中心"复选框，单击"完成"按钮，完成终端安全管理系统安装，如图 1-10 所示。

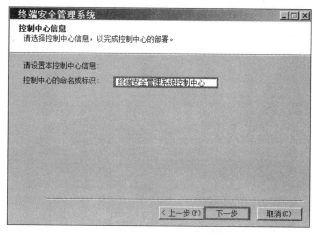

图 1-8　单击"下一步"按钮

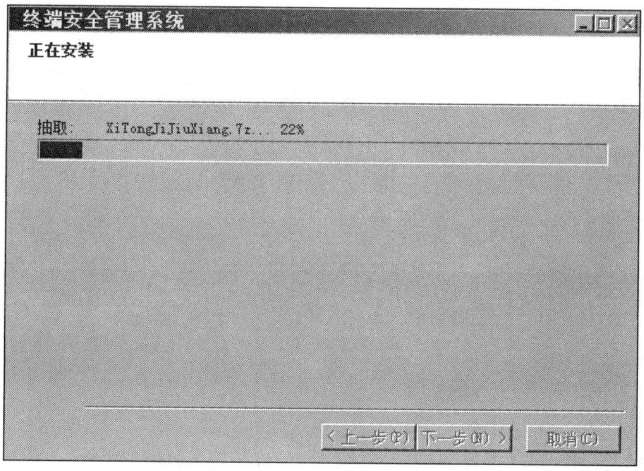

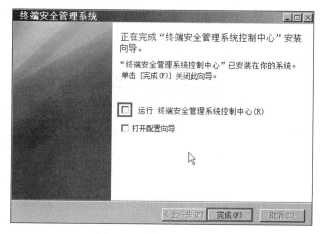

图 1-9　安装进度

图 1-10　单击"完成"按钮

（9）双击桌面的"终端安全管理系统控制中心"快捷方式，运行终端安全管理系统控制中心，如图 1-11 所示。

图 1-11　运行终端安全管理系统控制中心程序

（10）在打开的页面中，单击"授权"按钮，如图 1-12 所示。

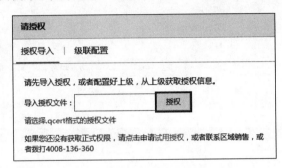

图 1-12　单击"授权"按钮

（11）单击浏览器左侧的"桌面"图标，然后选择以 16 位字符串开头的".qcert"类型文件（终端安全管理系统授权文件），单击"打开"按钮导入授权文件，如图 1-13 所示。

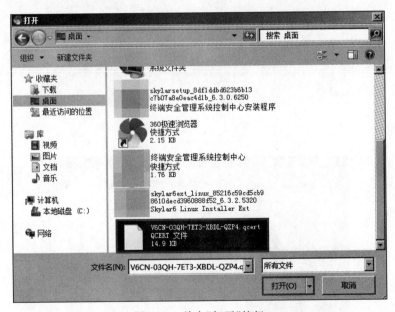

图 1-13　单击"打开"按钮

（12）上传成功后，完成终端安全管理系统的授权，如图 1-14 所示。

（13）返回 Windows 桌面，单击"开始"按钮，然后单击"终端安全管理系统控制中心配置向导"，如图 1-15 所示。

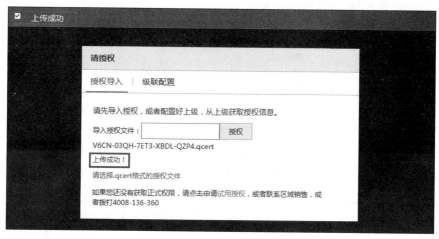

图 1-14　完成授权过程

（14）在"服务器模式"下拉列表框中选择"管理服务器"，再单击"下一步"按钮，如图 1-16 所示。

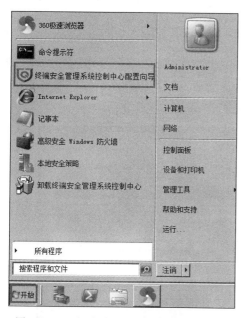

图 1-15　运行终端安全管理系统控制中心

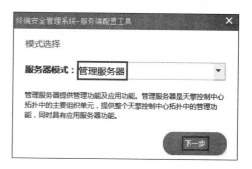

图 1-16　选择服务器模式

（15）配置管理服务器，设置管理服务器的超级管理员密码为"!1fw@2soc#3vpn"并确认密码，其他设置按默认值即可，然后单击"完成"按钮，如图 1-17 所示。

（16）显示配置成功界面，再单击"确定"按钮完成终端安全管理系统控制中心配置，如图 1-18 所示。

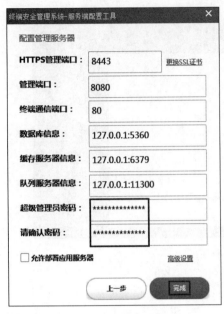

图 1-17　配置管理服务器

图 1-18　配置成功

2. 安装终端安全管理系统拓展包

（1）在 Windows 桌面中，双击"skylar6ext_linux_85216c59cd5cb98610decd3960888f52_6.3.3.5320"（终端安全管理系统拓展包，支持 Linux 系统和国产操作系统的终端安装包），安装拓展包，如图 1-19 和图 1-20 所示。

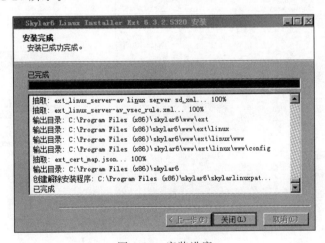

图 1-19　安装拓展包

图 1-20　安装进度

（2）单击"关闭"按钮，完成终端安全管理系统拓展包安装。

3. 部署终端安全管理系统升级服务器

（1）进入实验对应拓扑左侧的终端安全管理系统升级服务器（升级服务器根据用户

的网络情况决定是否部署,本实验仅作示例),如图 1-21 所示。

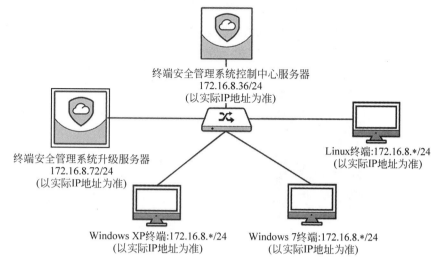

图 1-21　进入终端安全管理系统升级服务器

（2）双击 Windows 桌面上的终端安全管理系统安装包,安装终端安全管理系统程序,按照默认设置安装,如图 1-22 所示。

图 1-22　安装终端安全管理系统程序

（3）在安装过程中设置控制中心命名或标识时,填写控制中心名称为"终端安全管理系统升级服务器",单击"下一步"按钮,如图 1-23 所示。

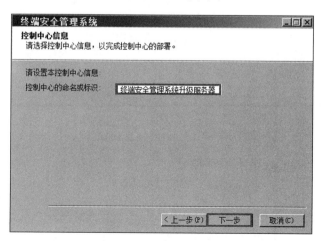

图 1-23　设置终端安全管理系统升级服务器名称

（4）在安装的最后一步，取消勾选"运行终端安全管理系统控制中心"复选框，勾选"打开配置向导"复选框，然后单击"完成"按钮，如图 1-24 所示。

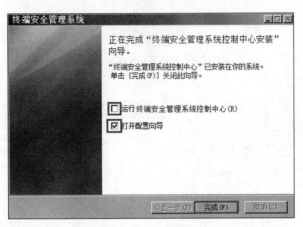

图 1-24　运行配置向导

（5）在弹出的服务端配置工具界面中，"服务器模式"选择"升级服务器"，然后单击"下一步"按钮，如图 1-25 所示。

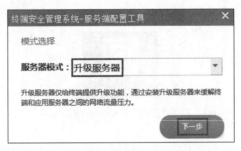

图 1-25　设置服务器模式

（6）配置升级服务器，填写"管理服务器信息"为"172.16.8.36:8080"，此处为终端安全管理系统控制中心的 IP 地址，8080 端口为控制中心的管理端口，其他保持默认值，然后单击"完成"按钮，如图 1-26 所示。

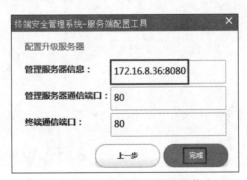

图 1-26　配置管理服务器连接信息

（7）单击"完成"按钮，弹出配置成功页面，再单击"确定"按钮完成升级服务器配置，如图 1-27 所示。

图 1-27   配置成功界面

（8）双击 Windows 桌面上的终端安全管理系统控制中心图标，运行后提示需要授权，在授权导入页面中，导入 Windows 桌面上的授权文件完成授权即可。

【实验预期】

（1）Windows XP 终端可以在线安装终端安全管理系统客户端。
（2）Windows 7 终端可以在线安装终端安全管理系统客户端。
（3）Linux 终端可以在线安装终端安全管理系统客户端。
（4）终端安全管理系统控制中心检测到上述类型终端上线。

【实验结果】

1. Windows XP 终端在线安装终端安全管理系统客户端

（1）进入实验对应拓扑中的 Windows XP 终端，如图 1-28 所示。

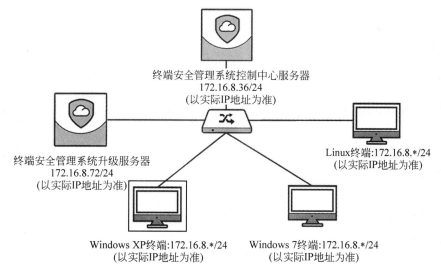

图 1-28   进入 Windows XP 终端

（2）运行浏览器，在地址栏中输入"http://172.16.8.36"，终端安全管理系统客户端下载地址默认为控制中心的 IP 地址，终端安全管理系统会自动适配操作系统类型，单击"适用于 Windows XP"按钮,如图 1-29 所示。

图 1-29　客户端下载

（3）单击后会弹出下载安装文件界面,单击"保存文件"按钮,如图 1-30 所示。

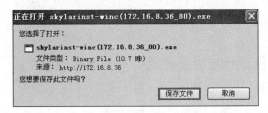

图 1-30　单击"保存文件"按钮

（4）下载完成后,在浏览器菜单中单击"下载"图标,在弹出的下载文件界面中单击■
图标,如图 1-31 所示。

图 1-31　打开下载文件的文件夹

（5）在文件夹中，双击客户端安装包程序，如图 1-32 所示。

图 1-32　运行安装包程序

（6）在"打开文件 - 安全警告"界面中，单击"运行"按钮运行安装程序，并进行安装前的病毒检测，如图 1-33 和图 1-34 所示。

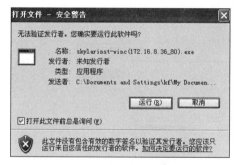

图 1-33　单击"运行"按钮

图 1-34　活体病毒检测

（7）选择客户端安装路径，本实验使用默认的安装路径即可，单击"立即安装"按钮开始安装，如图 1-35 和图 1-36 所示。

图 1-35　单击"立即安装"按钮

图 1-36　安装进度

（8）安装完成后，单击"完成"按钮，完成客户端的安装，如图 1-37 所示。

图 1-37　完成客户端安装

2. Windows 7 终端在线安装终端安全管理系统客户端

（1）进入实验对应拓扑中的 Windows 7 终端，如图 1-38 所示。

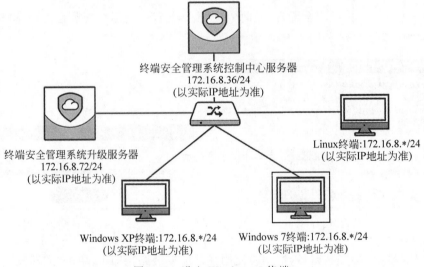

图 1-38　进入 Windows 7 终端

（2）在浏览器的地址栏中输入网址"http://172.16.8.6"，出现如下页面，单击"适用于 Windows 7"按钮，如图 1-39 所示。

（3）保存客户端安装文件，按照默认设置安装客户端即可。

3. Linux 终端在线安装终端安全管理系统客户端

（1）进入实验对应拓扑中的 Linux 终端，如图 1-40 所示。

（2）在 Red Hat 终端中，打开终端界面，输入命令：wget "http://172.16.8.36/down-load/setup/installer-linuxs(172.16.8.36_80).sh"，然后按 Enter 键，如图 1-41 所示。

（3）输入命令：sh installer-linuxs\(172.16.8.36_80\).sh，输入 installer-linuxs\(172.16.8.36_80\).sh 的过程中可以使用 Tab 键快捷输入，输入后按 Enter 键，根据提示输入系统对应数字"5"，然后按 Enter 键，如图 1-42 所示。

图 1-39　客户端下载

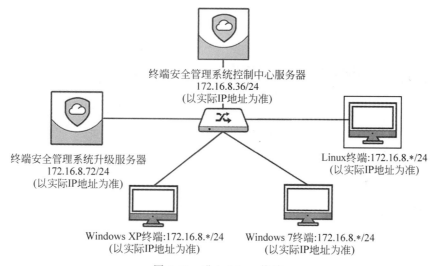

图 1-40　进入 Linux 终端

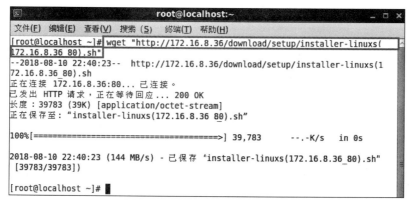

图 1-41　下载客户端程序

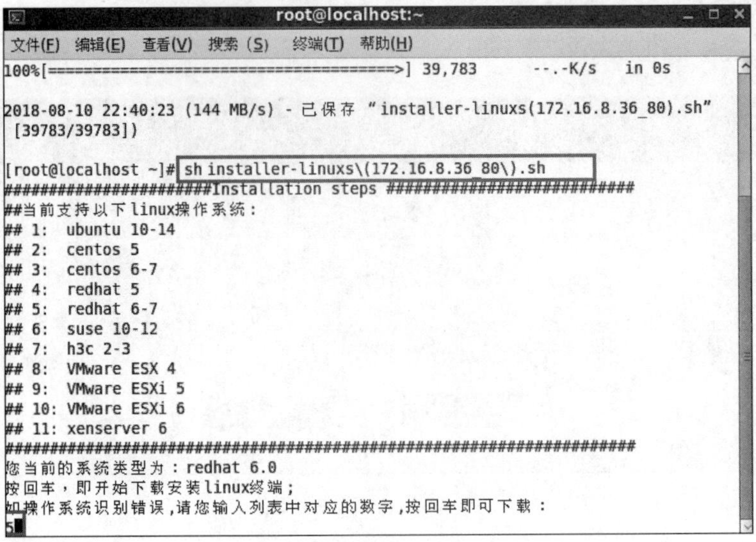

图 1-42　确认操作系统

（4）安装完成后，返回终端命令行界面，如图 1-43 所示。

图 1-43　安装完成

4. 终端安全管理系统控制中心检测到终端上线

（1）进入实验拓扑中的终端安全管理系统控制中心服务器，如图 1-44 所示。

（2）双击运行终端安全管理系统控制中心，如图 1-45 所示。

（3）使用浏览器访问终端安全管理系统，使用用户名"admin"，密码"!1fw@2soc♯3vpn"，单击"登录"按钮，如图 1-46 所示。

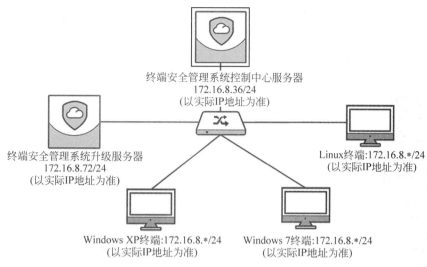

图 1-44　进入终端安全管理系统控制中心服务器

图 1-45　运行终端安全管理系统控制中心

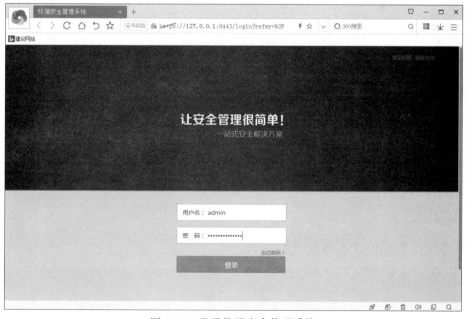

图 1-46　登录终端安全管理系统

（4）在终端安全管理系统首页的"安全概况"中，可以看到部署终端的数量为 3，如图 1-47 所示。

图 1-47   部署终端数量

（5）终端安全管理系统完成部署后，可正常提供终端安全管理系统客户端下载，并在终端安装了客户端程序后，实现与终端之间的连接，满足实验预期。

【实验思考】

（1）如果终端数量超过 8000，应该如何设计和部署终端安全管理系统？

（2）对于不同类型的操作系统，例如 Windows 系统和 Linux 系统，终端安全管理系统在配置客户端程序时有什么注意事项？

1.1.2   终端安全管理系统控制中心级联部署实验

【实验目的】

掌握采用级联部署方式将终端安全管理系统控制中心分级部署到组织机构的内网系统中。

【知识点】

日志报表-级联控制-级联数据、多级概况。

【场景描述】

A 公司组织机构众多，为保障内部终端安全，要求部署终端安全控制系统对内部终端进行安全控制。张经理要求安全运维工程师小王将终端安全管理系统控制中心部署到内网系统中,由于组织机构采用分级部署、集中管理的方式,因此小王需要掌握终端安全管理系统控制中心的级联部署方式,请帮助小王对控制中心的安装、级联部署等进行相关设置。

【实验原理】

终端安全管理系统控制中心级联部署适用于大型用户环境,内网中部署多套终端安全管理系统终端安全控制系统,内网中的 PC 终端安装终端安全管理系统客户端,多套终端安全管理系统终端安全控制系统可以分级级联控制。例如,在隔离网环境中,一级总控中心的病毒/补丁等更新程序通过离线升级工具进行复制导入,二级、三级分控中心通过一级总控中心进行级联更新,下级分控中心也可以向上级控制中心上报告警信息等,形成终端安全管理一体化。

【实验设备】

主机设备:Windows Server 2008 R2 服务器 2 台,Windows 7 终端设备 1 台。
网络设备:交换机 1 台,路由器 1 台。

【实验拓扑】

实验拓扑如图 1-48 所示。

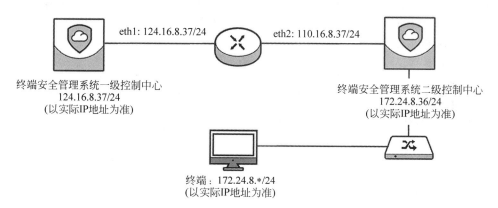

图 1-48　终端安全管理系统控制中心级联部署实验拓扑

【实验思路】

(1)在一级服务器部署终端安全管理系统一级控制中心。
(2)在二级服务器部署终端安全管理系统二级控制中心。
(3)在终端安装终端安全管理系统客户端。
(4)在终端安全管理系统二级控制中心配置上传设置。
(5)在终端安全管理系统一级控制中心查看级联数据。

【实验步骤】

1. 在终端安全管理系统一级控制中心服务器安装终端安全管理系统控制中心

（1）进入实验对应拓扑中左侧的终端安全管理系统一级控制中心服务器，如图 1-49 所示。

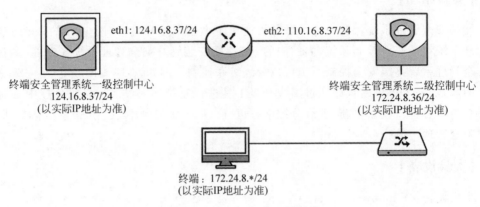

图 1-49　进入一级中心服务器

（2）双击 Windows 桌面上的终端安全管理系统安装包，按照默认设置安装终端安全管理系统控制中心，安装完成后会自动运行终端安全管理系统，在"导入授权"界面中，导入桌面上的 16 位字符串开头的.qcert 授权文件激活终端安全管理系统控制中心。

（3）单击 Windows 系统"开始"按钮，然后单击终端安全管理系统控制中心配置向导，在服务端配置工具中的"服务器模式"中，选择"管理服务器"，设置超级控制员密码为"!1fw@2soc♯3vpn"，其他设置默认即可。

2. 在终端安全管理系统二级控制中心服务器安装终端安全管理系统控制中心

（1）进入实验对应拓扑中的终端安全管理系统二级控制中心服务器，如图 1-50 所示。

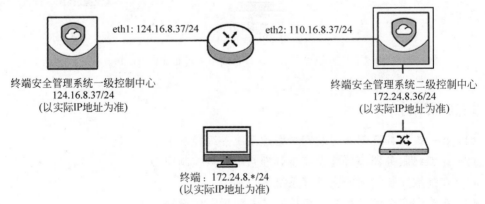

图 1-50　进入二级控制中心服务器

（2）双击 Windows 桌面上的终端安全管理系统安装包，按默认设置安装终端安全管理系统控制中心。安装完成后会自动运行终端安全管理系统控制中心，开始配置二级控制中心级联设置，在授权界面中单击"级联配置"标签，如图 1-51 所示。

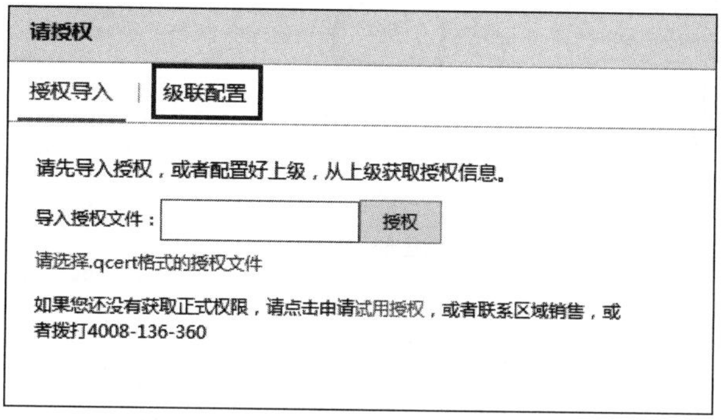

图 1-51　二级控制中心级联配置

（3）在"级联配置"选项卡中，在"上级控制中心 IP 地址"中填写"124.16.8.36"，在"上级控制中心端口"填写"8080"，然后单击"连接上级"按钮，如图 1-52 所示。

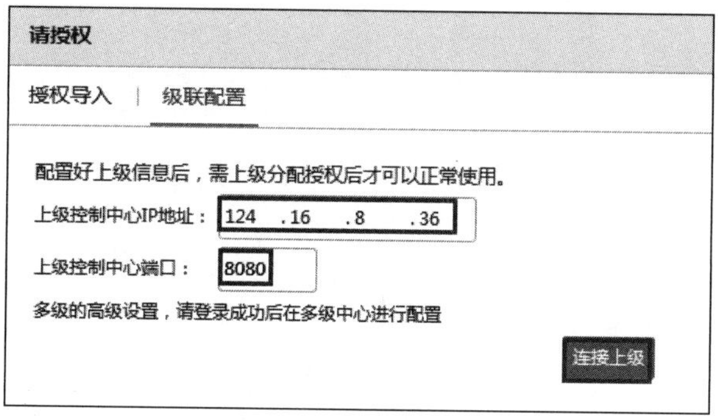

图 1-52　配置级联参数

（4）在网络通信正常的情况下，可以实现与上级控制中心的连接，并显示配置成功的信息，如图 1-53 所示。

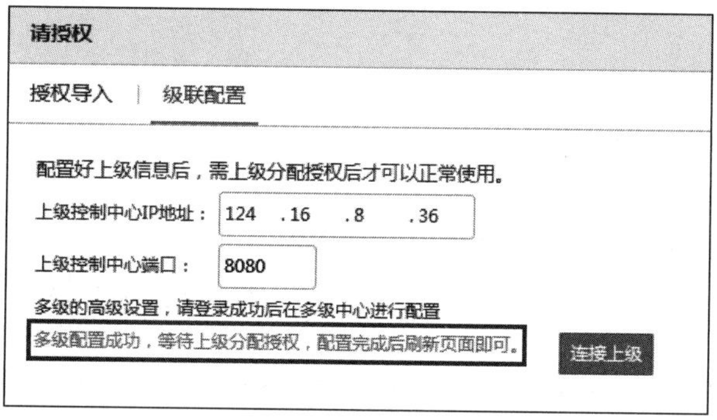

图 1-53　与上级控制中心连接成功

（5）进入实验对应拓扑中的终端安全管理系统一级控制中心服务器，如图 1-54 所示。

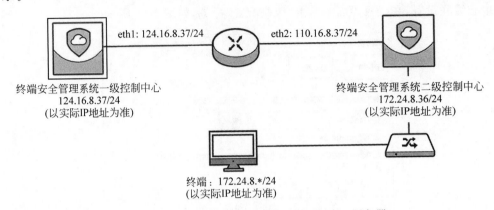

图 1-54　进入终端安全管理系统一级控制中心服务器

（6）使用浏览器访问终端安全管理系统，使用用户名"admin"，密码"!1fw@2soc♯3vpn"登录控制中心。单击"系统管理"→"多级中心"，可以看到已连接的二级控制中心信息，如图 1-55 所示。

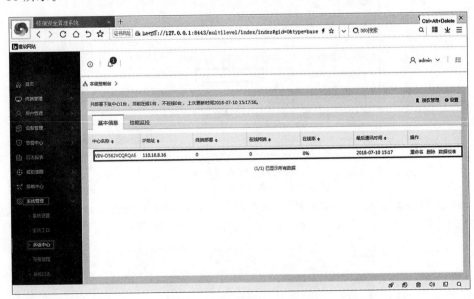

图 1-55　二级控制中心连接信息

（7）单击"多级中心"界面右上角的"授权管理"，如图 1-56 所示。

（8）在弹出的页面中，选择"自定义分配"，然后再单击"配置"链接，如图 1-57 所示。

（9）在弹出的页面中，在"Windows 终端""Windows 服务器""Linux 服务器"三个内容框中均填写"2"，然后单击"确定"按钮，如图 1-58 所示。设置目的在于授权下级终端数量不可超过最大的授权数量，一级控制中心的最大授权数量在终端安全管理系统的首页中可查看。

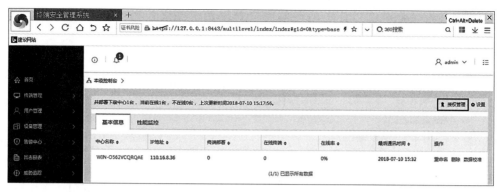

图 1-56　设置授权控制

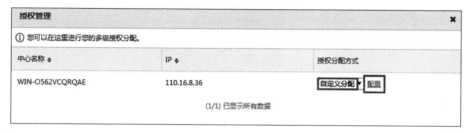

图 1-57　选择自定义分配配置

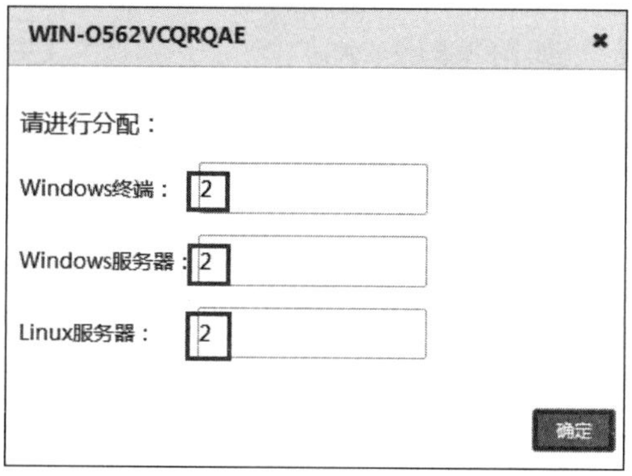

WIN-O562VCQRQAE ✕

请进行分配：

Windows终端：　2

Windows服务器：　2

Linux服务器：　2

确定

图 1-58　授权数量分配

（10）单击授权管理页面右下角的"保存"按钮，保存配置，如图 1-59 所示。

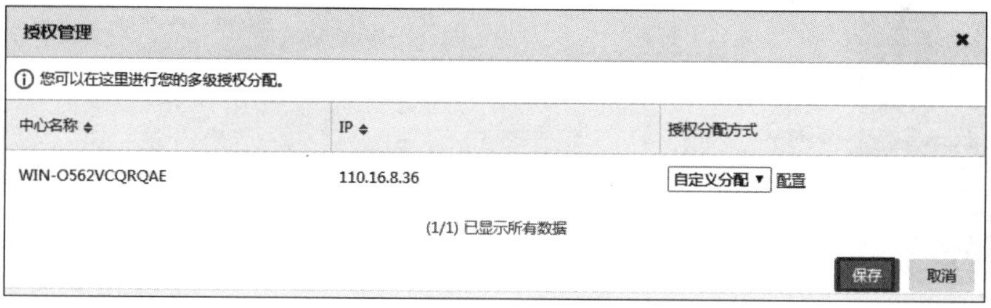

授权管理 ✕

ⓘ 您可以在这里进行您的多级授权分配。

中心名称 ⇕	IP ⇕	授权分配方式
WIN-O562VCQRQAE	110.16.8.36	自定义分配 ▾ 配置

(1/1) 已显示所有数据

保存　取消

图 1-59　授权分配保存

（11）进入实验对应拓扑中的终端安全管理系统二级控制中心服务器，如图 1-60 所示。

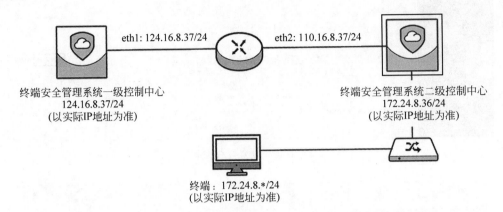

图 1-60　进入终端安全管理系统二级控制中心

（12）在授权页面中，再次单击"级联配置"选项卡中的"连接上级"按钮连接上级服务器，然后刷新页面（可按 F5 键或 Shift＋F5 组合键强制刷新），在弹出的"修改密码"页面中，填写二级控制中心管理员密码"！1fw＠2soc＃3vpn"，并填写验证码，然后单击"确认"按钮，如图 1-61 所示。

（13）进入终端安全管理系统二级控制中心主页，如图 1-62 所示。

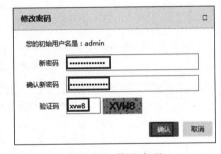

图 1-61　修改密码

图 1-62　进入终端安全管理系统二级控制中心

【实验预期】

（1）在二级控制中心下属的终端上，可正常安装终端安全管理系统客户端。

（2）在终端安全管理系统二级控制中心配置上报设置。

（3）在终端安全管理系统一级控制中心可查看级联数据。

【实验结果】

1. 在二级控制中心下属终端中安装终端安全管理系统客户端

（1）进入实验对应拓扑中的终端，如图 1-63 所示。

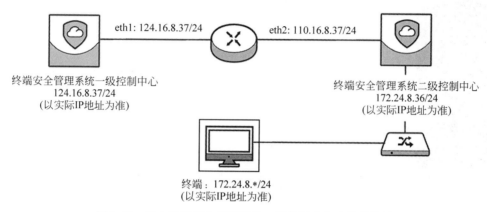

图 1-63　进入终端安全管理系统二级控制中心连接的终端

（2）运行浏览器，在地址栏中输入网址"http://172.24.8.36"，显示终端客户端下载页面，单击"适用于 Windows 7"按钮，保存客户端安装文件，按照默认设置安装客户端即可。

2. 在终端安全管理系统二级控制中心配置上报设置

（1）进入终端安全管理系统二级控制中心服务器，如图 1-64 所示。

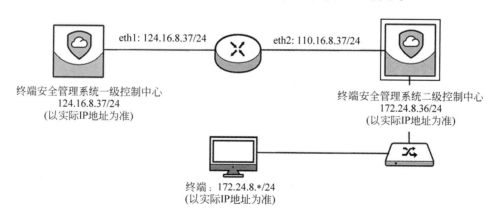

图 1-64　进入终端安全管理系统二级控制中心服务器

（2）使用浏览器访问终端安全管理系统二级控制中心，并使用用户名"admin"，密码

"!1fw@2soc@♯3vpn",登录终端安全管理系统二级控制中心。在终端安全管理系统二级控制中心首页,可以查看到本级所属终端部署信息。单击"系统管理"→"多级中心"→"设置",如图 1-65 所示。

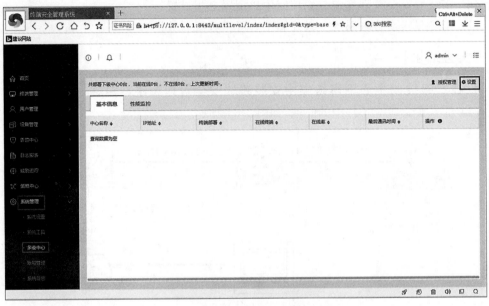

图 1-65　多级中心设置

（3）在弹出的"设置"页面中可以查看上报设置信息,可以根据实际情况修改上报的配置,如图 1-66 和图 1-67 所示。

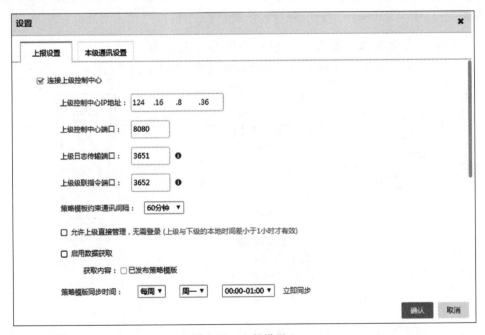

图 1-66　上报设置 1

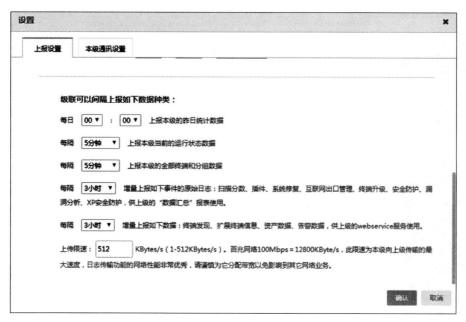

图 1-67　上报设置 2

3. 在终端安全管理系统一级控制中心查看级联数据

（1）进入实验对应拓扑中的终端安全管理系统一级控制中心服务器，如图 1-68 所示。

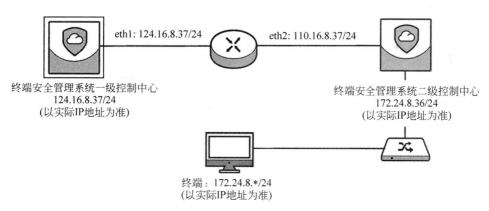

图 1-68　进入终端安全管理系统一级控制中心

（2）使用浏览器访问终端安全管理系统，使用用户名"admin"，密码"!1fw@2soc♯3vpn"登录控制中心。在控制中心主页单击"系统管理"→"多级中心"→"数据校准"，如图 1-69 所示。

（3）在弹出页面中单击"确定"按钮，确认校准，如图 1-70 所示。

（4）等待下级控制中心上传终端数据（大约 7min 左右，具体时间以实际网络状况为准），数据同步成功后，刷新页面可以查看下级中心所属终端的信息，如图 1-71 所示。

图 1-69　数据校准 1

图 1-70　数据校准 2

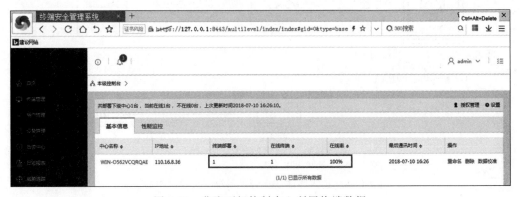

图 1-71　获取下级控制中心所属终端数据

（5）在终端安全管理系统控制中心，单击"日志报表"→"级联管理"→"级联数据"，如图 1-72 所示。

（6）在状态数据页面中，显示级联控制中心的相关信息，如图 1-73 所示。

（7）终端安全管理系统分为一级、二级控制中心部署后，一级与二级控制中心可正常通信，并可查询管理二级中心连接的终端安全管理系统客户端，以及上报相关配置信息，满足实验预期。

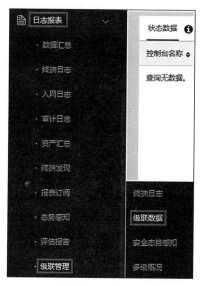

图 1-72　查看日志报表中的级联数据

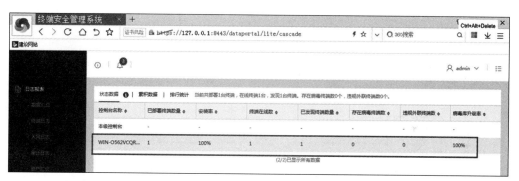

图 1-73　二级控制中心状态数据

【实验思考】

（1）终端安全管理系统一级控制中心是否可以连接终端？

（2）终端安全管理系统一级控制中心的授权与二级控制中心授权是否有关联？是否占用授权终端点数？

1.1.3　终端安全管理系统控制中心与 PostgreSQL 数据库分离部署实验

【实验目的】

掌握终端安全管理系统控制中心与 PostgreSQL 数据库分离部署方法。

【知识点】

控制中心安装、PostgreSQL 部署。

【场景描述】

A 公司为保障内网终端安全,要求部署终端安全控制系统。考虑到内部终端数量较大,采用一台服务器性能达不到要求。因此,张经理要求安全运维工程师小王将终端安全管理系统控制中心和 PostgreSQL 数据库分开部署至两台服务器上,以满足性能需求,请帮助小王实现张经理的需求。

【实验原理】

终端安全管理系统控制中心和 PostgreSQL 数据库分离部署的方式,适用于终端数量稍大,部署在单机服务器上性能无法满足的场景。

【实验设备】

主机设备:Windows Server 2008 R2 主机 1 台,CentOS 7 主机 1 台,Windows XP 主机 1 台。
网络设备:交换机 1 台。

【实验拓扑】

实验拓扑如图 1-74 所示。

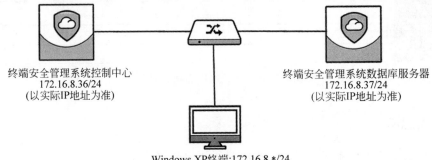

图 1-74　终端安全管理系统控制中心与 PostgreSQL 数据库分离部署实验拓扑

【实验思路】

(1) 安装终端安全管理系统配置控制中心。
(2) 检查终端安全管理系统数据库安装环境。
(3) 安装配置终端安全管理系统数据库服务器。
(4) 验证控制中心和数据库是否可用。

【实验步骤】

1. 安装终端安全管理系统配置控制中心

（1）进入实验对应拓扑中的终端安全管理系统控制服务器，如图 1-75 所示。

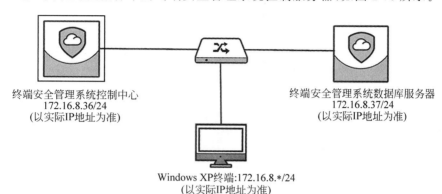

图 1-75　终端安全管理系统控制中心

（2）双击运行 Windows 桌面上的终端安全管理系统安装包，按照默认设置安装终端安全管理系统控制中心。在安装最后一步中，取消勾选"运行终端安全管理系统控制中心"复选框，然后单击"完成"按钮，完成终端安全管理系统安装。

2. 检查终端安全管理系统数据库安装环境

（1）进入实验对应拓扑中右侧终端安全管理系统数据库服务器（CentOS 7 操作系统），如图 1-76 所示。

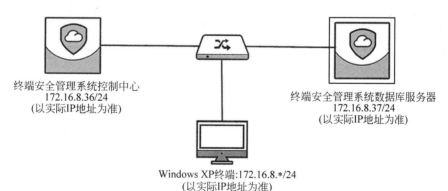

图 1-76　进入终端安全管理系统数据库服务器

（2）进入 CentOS 系统后，单击右上角的网络图标，再单击"有线设置"图标进行网络配置，如图 1-77 所示。

（3）在网络设置界面中，单击齿轮型"设置"图标，进入设置界面，如图 1-78 所示。

（4）在设置界面中，单击 IPv4 标签，单击"手动"单选按钮，在"地址"栏中填写"172.16.8.37"，在"子网掩码"栏中填写"255.255.255.0"，然后单击"应用"按钮，如图 1-79 所示。

图 1-77　进入有线设置

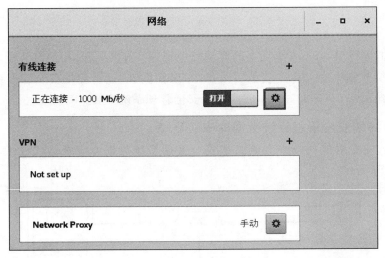

图 1-78　有线连接

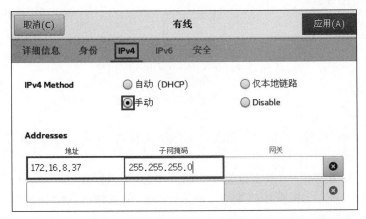

图 1-79　设置 IP 地址

（5）返回 CentOS 操作系统桌面，在桌面空白处单击右键，在弹出的菜单中单击"打开终端"选项，如图 1-80 所示。

图 1-80　打开终端程序

（6）在终端界面中输入命令"cat /etc/fstab"，查看分区文件系统是否符合要求。建议为 ext4 格式或者 xfs 格式（如果部署 Linux HA 则必须使用 xfs 格式），如图 1-81 所示。

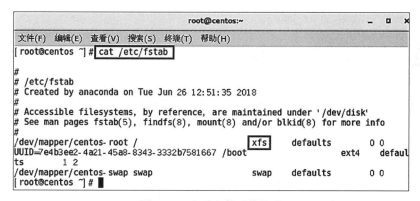

图 1-81　查看文件系统格式

（7）继续输入命令"vi /etc/hostname"，修改主机名，如图 1-82 所示。

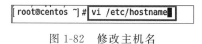

图 1-82　修改主机名

（8）在编辑 hostname 文件界面中，按 I 键进入插入模式，修改主机名为 L2-PS-360-db1，然后按 Esc 键输入"：wq"，对修改进行保存并退出，如图 1-83 所示。

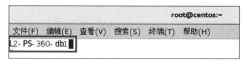

图 1-83　修改主机名配置文件

（9）继续输入命令"cat /etc/hostname"，查看修改后的主机名是否正确。修改主机名后，需重启才能生效，本步骤可以在本实验所有配置完成后重启验证即可，如图 1-84 所示。

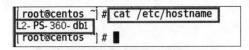

图 1-84　查看主机名

（10）输入命令"vi /etc/security/limits.conf"，用于修改进程可打开的最大文件描述数量，如图 1-85 所示。

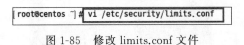

图 1-85　修改 limits.conf 文件

（11）在 limits.conf 编辑界面，按 I 键进入插入模式，在文件末尾两行添加" * hard nofile 1020000"和" * soft nofile1020000"，然后按 Esc 键，输入"：wq"，保存并退出，如图 1-86 所示。

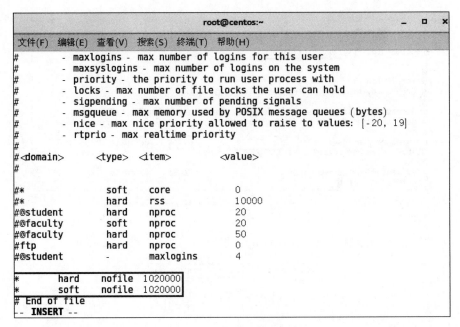

图 1-86　修改文件配置

（12）输入命令"vi /etc/selinux/config"，修改 SELinux 配置文件，如图 1-87 所示。

图 1-87　修改 SELinux

（13）在编辑 config 文件界面，按 I 键进入插入模式，将配置文件中的 SELINUX＝enforcing 修改为 SELINUX＝disabled，然后按 Esc 键，输入"：wq"保存并退出，如图 1-88 所示。

（14）输入命令"systemctl stop firewalld"，关闭系统防火墙，如图 1-89 所示。

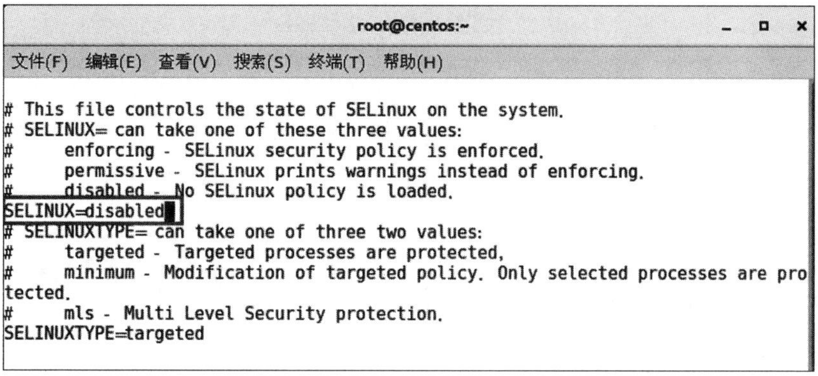

```
                          root@centos:~              _  □  ×
文件(F)  编辑(E)  查看(V)  搜索(S)  终端(T)  帮助(H)

# This file controls the state of SELinux on the system.
# SELINUX= can take one of these three values:
#     enforcing - SELinux security policy is enforced.
#     permissive - SELinux prints warnings instead of enforcing.
#     disabled - No SELinux policy is loaded.
SELINUX=disabled
# SELINUXTYPE= can take one of three two values:
#     targeted - Targeted processes are protected,
#     minimum - Modification of targeted policy. Only selected processes are pro
tected.
#     mls - Multi Level Security protection.
SELINUXTYPE=targeted
```

图 1-88　修改 SELinux 配置文件

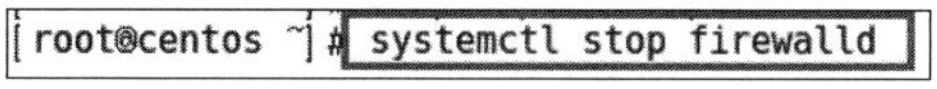

```
[root@centos ~]# systemctl stop firewalld
```

图 1-89　关闭防火墙

（15）输入命令"systemctl disable firewalld"，设置开机禁用防火墙，如图 1-90 所示。

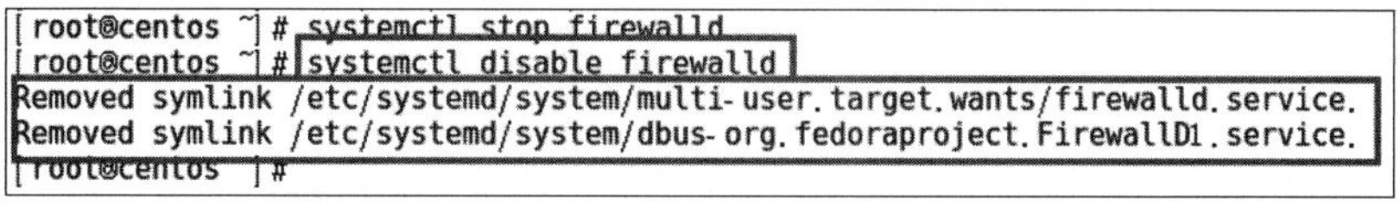

```
[root@centos ~]# systemctl stop firewalld
[root@centos ~]# systemctl disable firewalld
Removed symlink /etc/systemd/system/multi-user.target.wants/firewalld.service.
Removed symlink /etc/systemd/system/dbus-org.fedoraproject.FirewallD1.service.
[root@centos ~]#
```

图 1-90　开机禁用防火墙

（16）输入命令"ip addr"，查看系统 IP 地址，如图 1-91 所示。

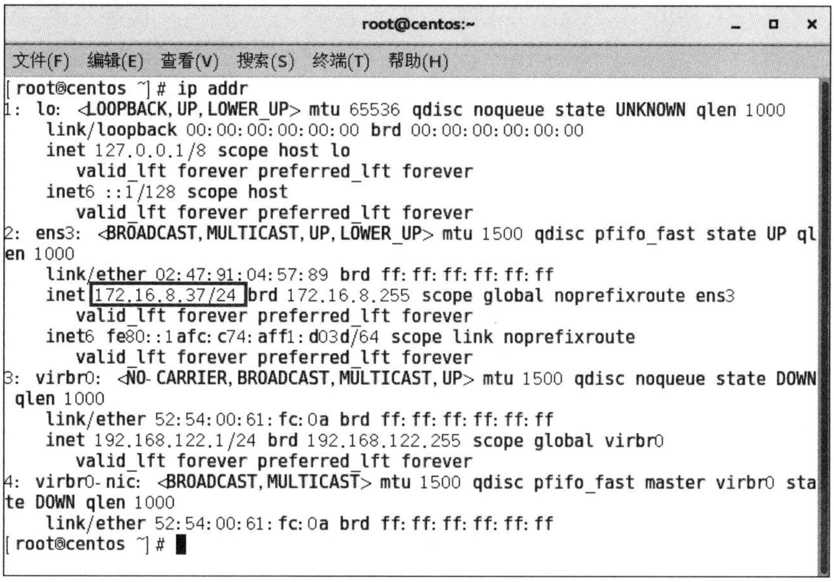

```
                          root@centos:~              _  □  ×
文件(F)  编辑(E)  查看(V)  搜索(S)  终端(T)  帮助(H)
[root@centos ~]# ip addr
1: lo: <LOOPBACK,UP,LOWER_UP> mtu 65536 qdisc noqueue state UNKNOWN qlen 1000
    link/loopback 00:00:00:00:00:00 brd 00:00:00:00:00:00
    inet 127.0.0.1/8 scope host lo
       valid_lft forever preferred_lft forever
    inet6 ::1/128 scope host
       valid_lft forever preferred_lft forever
2: ens3: <BROADCAST,MULTICAST,UP,LOWER_UP> mtu 1500 qdisc pfifo_fast state UP ql
en 1000
    link/ether 02:47:91:04:57:89 brd ff:ff:ff:ff:ff:ff
    inet 172.16.8.37/24 brd 172.16.8.255 scope global noprefixroute ens3
       valid_lft forever preferred_lft forever
    inet6 fe80::1afc:c74:aff1:d03d/64 scope link noprefixroute
       valid_lft forever preferred_lft forever
3: virbr0: <NO-CARRIER,BROADCAST,MULTICAST,UP> mtu 1500 qdisc noqueue state DOWN
qlen 1000
    link/ether 52:54:00:61:fc:0a brd ff:ff:ff:ff:ff:ff
    inet 192.168.122.1/24 brd 192.168.122.255 scope global virbr0
       valid_lft forever preferred_lft forever
4: virbr0-nic: <BROADCAST,MULTICAST> mtu 1500 qdisc pfifo_fast master virbr0 sta
te DOWN qlen 1000
    link/ether 52:54:00:61:fc:0a brd ff:ff:ff:ff:ff:ff
[root@centos ~]#
```

图 1-91　查看 IP 地址

（17）输入命令"vi /etc/hosts"，再次修改 hosts 文件，如图 1-92 所示。

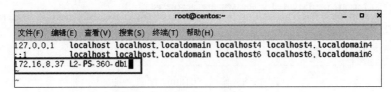

图 1-92 修改 hosts 文件

（18）在 hosts 文件编辑界面，按 I 键进入插入模式，在 hosts 文件末尾添加主机和 IP 对应关系"172.106.8.37 L2-PS-360-db1"，然后按 Esc 键输入"：wq"，保存并退出，如图 1-93 所示。

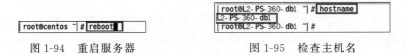

图 1-93 修改 hosts 配置文件

（19）输入命令"reboot"，重启服务器，如图 1-94 所示。

（20）重启服务器后，输入命令"hostname"，验证主机名是否修改成功，如图 1-95 所示。

图 1-94 重启服务器   图 1-95 检查主机名

（21）输入命令"sestatus"，验证 SELinux 是否为 disabled 的关闭状态，如图 1-96 所示。

（22）输入命令"ulimit -n"，查看进程可打开最大文件描述数量是否为 1020000，如图 1-97 所示。

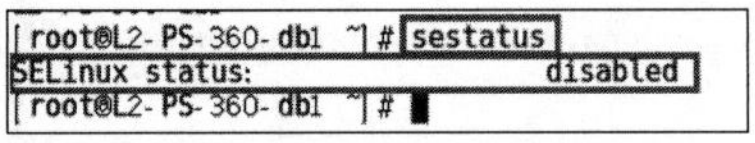

图 1-96 验证 SELinux 是否关闭 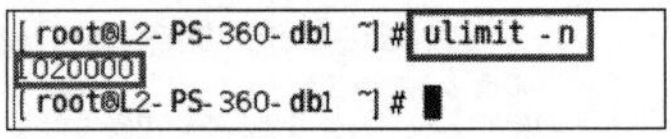   图 1-97 查看最大文件描述数量

（23）输入命令"systemctl status firewalld"，验证防火墙服务是否为 disabled 的停用状态，如图 1-98 所示。

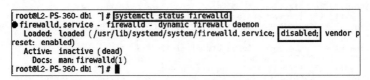

图 1-98 验证防火墙是否停用

3. 安装配置终端安全管理系统数据库服务器

（1）输入命令"systemctl enable docker.service"，设置 docker 服务为开机启动。推荐使用 Docker 1.11.2 以上版本，本实验中 Docker 已安装（关于 Docker 安装请参考 Docker

官网说明），如图 1-99 所示。

```
[root@L2-PS-360-db1 ~]# systemctl enable docker.service
Created symlink from /etc/systemd/system/multi-user.target.wants/docker.service
to /usr/lib/systemd/system/docker.service.
[root@L2-PS-360-db1 ~]#
```

图 1-99　设置 Docker 服务开机自启

（2）输入命令"systemctl start docker"，启动 Docker 服务，如图 1-100 所示。

```
[root@L2-PS-360-db1 ~]# systemctl start docker
[root@L2-PS-360-db1 ~]#
```

图 1-100　启动 Docker 服务

（3）输入命令"docker ps"，检查 Docker 启动情况，如图 1-101 所示。

```
[root@L2-PS-360-db1 ~]# docker ps
CONTAINER ID    IMAGE          COMMAND        CREATED
STATUS          PORTS          NAMES
[root@L2-PS-360-db1 ~]#
```

图 1-101　检查 Docker 启动

（4）输入命令"docker version"，查看 Docker 版本，如图 1-102 所示。

```
[root@L2-PS-360-db1 ~]# docker version
Client:
 Version:         1.13.1
 API version:     1.26
 Package version: docker-1.13.1-68.gitdded712.el7.centos.x86_64
 Go version:      go1.9.4
 Git commit:      dded712/1.13.1
 Built:           Tue Jul 17 18:34:48 2018
 OS/Arch:         linux/amd64

Server:
 Version:         1.13.1
 API version:     1.26 (minimum version 1.12)
 Package version: docker-1.13.1-68.gitdded712.el7.centos.x86_64
 Go version:      go1.9.4
 Git commit:      dded712/1.13.1
 Built:           Tue Jul 17 18:34:48 2018
 OS/Arch:         linux/amd64
 Experimental:    false
[root@L2-PS-360-db1 ~]#
```

图 1-102　查看 Docker 版本

（5）在本实验中所需的 PostgreSQL 数据库服务器组件的 Docker 镜像包 skylar_pg_6.3.0.5155_cc3acee598a1c3dde934b5d17efa4928.tar 已上传到数据库服务器中。输入命令"ls"，可以查看安装包文件信息，如图 1-103 所示。

```
[root@L2-PS-360-db1 ~]# ls
anaconda-ks.cfg                                                      公共    下载
Desktop                                                             模板    音乐
skylar_beanstalkd_6.3.0.5155_3062c8c3571eb0f0173e02743b3c88c8.tar   视频    桌面
skylar_pg_6.3.0.5155_cc3acee598a1c3dde934b5d17efa4928.tar           图片
skylar_redis_6.3.0.5155_5fc056cb1ebc70653ac5a32d513e255b.tar        文档
[root@L2-PS-360-db1 ~]#
```

图 1-103　查看数据库镜像

（6）输入命令（在输入文件名时可按 Tab 键自动补全文件名）"docker load＜skylar_pg_6.3.0.5155_cc3acee598a1c3dde934b5d17efa4928.tar"，导入 PostgreSQL 数据库服务器组件的 Docker 镜像，如图 1-104 所示。

```
[root@L2-PS-360-db1 ~]# docker load < skylar_pg_6.3.0.5155_cc3acee598a1c3dde934b
5d17efa4928.tar
```

图 1-104　导入数据库系统镜像

（7）输入命令"dockeri mages"，查看 Docker 镜像是否导入成功，如图 1-105 所示。

```
[root@L2-PS-360-db1 ~]# docker images
REPOSITORY          TAG                 IMAGE ID            CREATED             SIZE
skylar_pg           latest              3ddbcf531363        10 months ago       1.06 GB
[root@L2-PS-360-db1 ~]#
```

图 1-105　查看镜像是否导入成功

（8）输入命令"docker run -d --net＝host --privileged＝true -v /data/pg:/var/lib/postgresql/9.5/main --name pg --restart＝always skylar_pg"，基于 skylar_pg"镜像启动容器，并将数据库系统容器命名为"pg"，如图 1-106 所示。

```
[root@L2-PS-360-db1 ~]# docker run -d --net=host --privileged=true -v /data/pg:/var/lib/
postgresql/9.5/main --name pg --restart=always skylar_pg
fc60356a6fb0bd5a1d630d6eea7d170cae3f88b6f8128032715c0e21938dae2a
[root@L2-PS-360-db1 ~]#
```

图 1-106　启动 pg 容器

（9）输入命令"docker ps"，确认数据库系统容器正常启动，如图 1-107 所示。

```
[root@L2-PS-360-db1 ~]# docker ps
CONTAINER ID        IMAGE               COMMAND                 CREATED
         STATUS              PORTS               NAMES
fc60356a6fb0        skylar_pg           "/docker-entrypoin..."  About a minut
e ago    Up About a minute                       pg
[root@L2-PS-360-db1 ~]#
```

图 1-107　确认 pg 容器启动

（10）输入命令"netstat -an｜grep 5432"，查看数据库端口运行是否正常，如图 1-108 所示。

```
[root@L2-PS-360-db1 ~]# netstat -an | grep 5432
tcp        0      0 0.0.0.0:5432            0.0.0.0:*               LISTEN
tcp6       0      0 :::5432                 :::*                    LISTEN
unix 2      [ ACC ]     STREAM     LISTENING     69012     /var/run/postgresql
/.s.PGSQL.5432
[root@L2-PS-360-db1 ~]#
```

图 1-108　查看数据库端口

（11）输入命令"docker exec -it pg /bin/bash"，登入数据库系统容器的 bash 命令行，如图 1-109 所示。

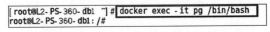

```
[root@L2-PS-360-db1 ~]# docker exec -it pg /bin/bash
root@L2-PS-360-db1:/#
```

图 1-109　登入数据库系统容器

（12）输入命令"vi /var/lib/postgresql/9.5/main/postgresql.conf"，编辑数据库系统中的数据库配置文件，如图 1-110 所示。

root@L2-PS-360-db1:/# vi /var/lib/postgresql/9.5/main/postgresql.conf

图 1-110　编辑 pg 数据库文件

（13）在 postgresql.conf 编辑界面，按 I 键进入插入模式，在 postgresql.conf 配置文件中修改 effective_cache_size＝512MB，如图 1-111 所示。

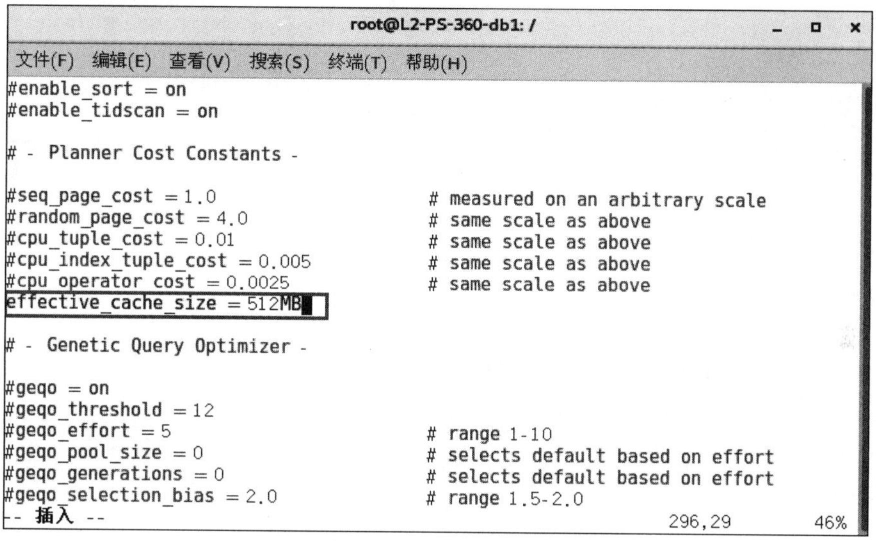

```
root@L2-PS-360-db1: /                                _  □  ×
文件(F)  编辑(E)  查看(V)  搜索(S)  终端(T)  帮助(H)
#enable_sort = on
#enable_tidscan = on

# - Planner Cost Constants -

#seq_page_cost = 1.0                   # measured on an arbitrary scale
#random_page_cost = 4.0                # same scale as above
#cpu_tuple_cost = 0.01                 # same scale as above
#cpu_index_tuple_cost = 0.005          # same scale as above
#cpu_operator_cost = 0.0025            # same scale as above
effective_cache_size = 512MB

# - Genetic Query Optimizer -

#geqo = on
#geqo_threshold = 12
#geqo_effort = 5                       # range 1-10
#geqo_pool_size = 0                    # selects default based on effort
#geqo_generations = 0                  # selects default based on effort
#geqo_selection_bias = 2.0            # range 1.5-2.0
-- 插入 --                                        296,29          46%
```

图 1-111　编辑数据库配置文件 effective_cache_size 值

（14）继续在 postgresql.conf 配置文件中修改 shared_buffers＝256MB，如图 1-112 所示。

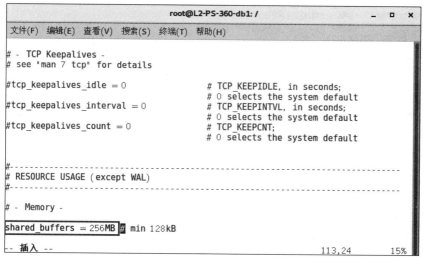

```
root@L2-PS-360-db1: /                                _  □  ×
文件(F)  编辑(E)  查看(V)  搜索(S)  终端(T)  帮助(H)
# - TCP Keepalives -
# see "man 7 tcp" for details

#tcp_keepalives_idle = 0               # TCP_KEEPIDLE, in seconds;
                                       # 0 selects the system default
#tcp_keepalives_interval = 0           # TCP_KEEPINTVL, in seconds;
                                       # 0 selects the system default
#tcp_keepalives_count = 0              # TCP_KEEPCNT;
                                       # 0 selects the system default


#------------------------------------------------------
# RESOURCE USAGE (except WAL)
#------------------------------------------------------

# - Memory -

shared_buffers = 256MB      # min 128kB
-- 插入 --                                        113,24          15%
```

图 1-112　编辑数据库配置文件 shared_buffers 值

（15）继续修改 max_connections＝200，如图 1-113 所示。

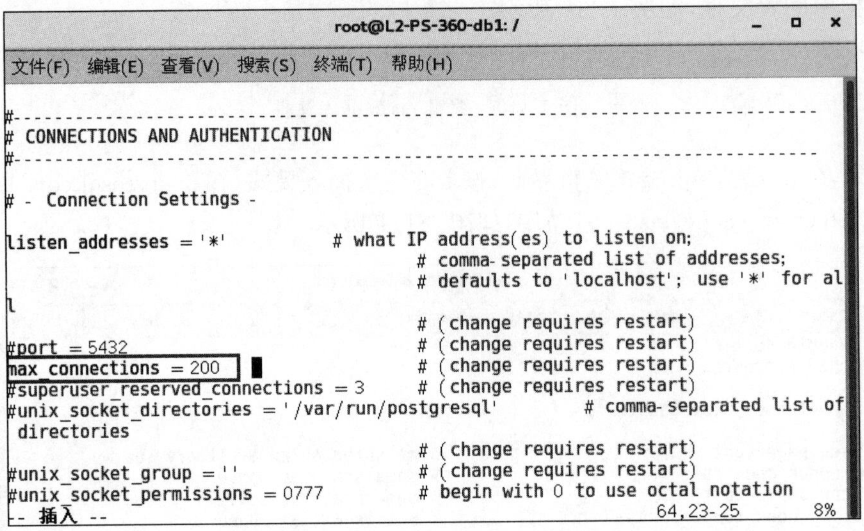

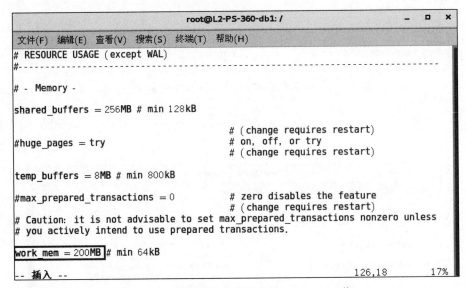

图 1-113　编辑数据库配置文件 max_connections 值

（16）继续修改 work_mem＝200MB，如图 1-114 所示。

图 1-114　编辑数据库配置文件 work_mem 值

（17）继续修改 max_worker_processes＝1，如图 1-115 所示。

（18）继续修改 temp_buffers＝128MB，如图 1-116 所示。

（19）修改 timezone＝'asia/shanghai'，如图 1-117 所示。

（20）修改 autovacuum＝on，然后按 Esc 键，输入"：wq"，保存并退出，如图 1-118 所示。

```
                          root@L2-PS-360-db1: /              _  □  ×

文件(F)  编辑(E)  查看(V)  搜索(S)  终端(T)  帮助(H)

# - Cost-Based Vacuum Delay -

#vacuum_cost_delay = 0                  # 0-100 milliseconds
#vacuum_cost_page_hit = 1               # 0-10000 credits
#vacuum_cost_page_miss = 10             # 0-10000 credits
#vacuum_cost_page_dirty = 20            # 0-10000 credits
#vacuum_cost_limit = 200                # 1-10000 credits

# - Background Writer -

#bgwriter_delay = 200ms                 # 10-10000ms between rounds
#bgwriter_lru_maxpages = 100            # 0-1000 max buffers written/round
#bgwriter_lru_multiplier = 2.0          # 0-10.0 multipler on buffers scanned/rou
nd

# - Asynchronous Behavior -

#effective_io_concurrency = 1           # 1-1000; 0 disables prefetching
max_worker_processes = 1
-- 插入 --                                        169,25            24%
```

图 1-115　编辑数据库配置文件 max_worker_processes 值

```
                          root@L2-PS-360-db1: /              _  □  ×

文件(F)  编辑(E)  查看(V)  搜索(S)  终端(T)  帮助(H)

#------------------------------------------------------------
# RESOURCE USAGE (except WAL)
#------------------------------------------------------------

# - Memory -

shared_buffers = 256MB # min 128kB

                                        # (change requires restart)
#huge_pages = try                       # on, off, or try
                                        # (change requires restart)

temp_buffers = 128MB # min 800kB

#max_prepared_transactions = 0          # zero disables the feature
                                        # (change requires restart)
# Caution: it is not advisable to set max_prepared_transactions nonzero unless
# you actively intend to use prepared transactions.
-- 插入 --                                        119,22            17%
```

图 1-116　编辑数据库配置文件 temp_buffers 值

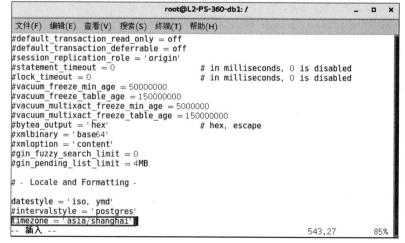

```
                          root@L2-PS-360-db1: /              _  □  ×

文件(F)  编辑(E)  查看(V)  搜索(S)  终端(T)  帮助(H)
#default_transaction_read_only = off
#default_transaction_deferrable = off
#session_replication_role = 'origin'
#statement_timeout = 0                  # in milliseconds, 0 is disabled
#lock_timeout = 0                       # in milliseconds, 0 is disabled
#vacuum_freeze_min_age = 50000000
#vacuum_freeze_table_age = 150000000
#vacuum_multixact_freeze_min_age = 5000000
#vacuum_multixact_freeze_table_age = 150000000
#bytea_output = 'hex'                   # hex, escape
#xmlbinary = 'base64'
#xmloption = 'content'
#gin_fuzzy_search_limit = 0
#gin_pending_list_limit = 4MB

# - Locale and Formatting -

datestyle = 'iso, ymd'
#intervalstyle = 'postgres'
timezone = 'asia/shanghai'
-- 插入 --                                        543,27            85%
```

图 1-117　编辑数据库配置文件 timezone 值

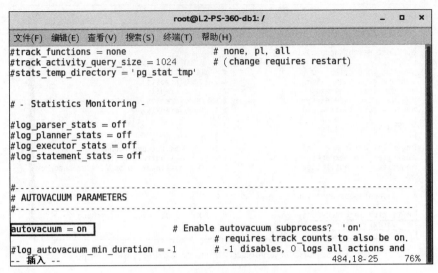

图 1-118　编辑数据库配置文件 autovacuum 值

（21）输入命令"vi /var/lib/postgresql/9.5/main/pg_hba.conf"，修改配置文件，如图 1-119 所示。

root@L2-PS-360-db1:/# vi /var/lib/postgresql/9.5/main/pg_hba.conf

图 1-119　修改 pg_hba.conf 配置文件

（22）在 pg_hba.conf 配置文件中，添加终端安全管理控制中心地址的 trust 记录。因为控制中心 IP 地址是 172.16.8.36，所以在配置文件中添加 host all all 172.16.8.36/24 trust，空格可以使用 Tab 键输入。

注意：如果存在 0.0.0.0/0 的记录，则新加记录应在该条记录上边，如图 1-120 所示。

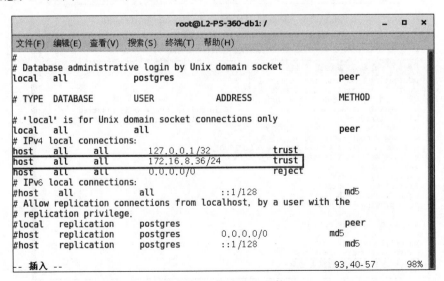

图 1-120　修改配置文件

（23）修改完成后，输入命令"exit"，退出数据库系统容器的 bash 命令行界面，如图 1-121 所示。

（24）输入命令"docker restart pg"，重启数据库系统容器，使配置生效，如图 1-122 所示。

```
root@L2-PS-360-db1:/# exit
```

图 1-121　退出容器

```
root@L2-PS-360-db1 ~]# docker restart pg
pg
root@L2-PS-360-db1 ~]#
```

图 1-122　重启容器

（25）输入命令"ps -ef | grep autovacuum"，验证 vacuum 是否成功开启，如图 1-123 所示。

```
[root@L2-PS-360-db1 ~]# ps -ef | grep autovacuum
systemd+  4852  4847  0 00:04 ?        00:00:00 postgres: autovacuum launcher pr
ocess
root      4876  3479  0 00:05 pts/0    00:00:00 grep --color=auto autovacuum
[root@L2-PS-360-db1 ~]#
```

图 1-123　验证 vacuum 是否成功开启

4. 连接数据库与终端安全管理系统控制中心

（1）返回终端安全管理系统控制中心服务器，单击桌面上的"开始"图标，然后再单击终端安全管理系统控制中心配置向导。在弹出的配置窗口中，保持默认的管理服务器模式，单击"下一步"按钮。在界面中的"数据库信息"文本框中填写数据库地址"172.16.8.37:5432"，"超级管理员密码"填写"!1fw@2soc#3vpn"并确认密码，单击"完成"按钮，如图 1-124 所示。

图 1-124　修改数据库信息

（2）等待配置生效后，显示配置完成界面，单击"确定"按钮完成配置。双击桌面终端安全管理系统控制中心图标，在导入授权页面导入桌面上的 16 位字符串开头的".qcert"授权文件，完成控制中心授权。

【实验预期】

Windows XP 终端可以正常在线安装终端安全管理客户端程序。

【实验结果】

(1) 进入实验对应拓扑的 Windows XP 终端，如图 1-125 所示。

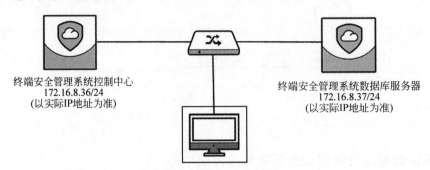

图 1-125　进入 Windows XP 终端

(2) 运行浏览器，在地址栏中输入"http://172.16.8.36"，显示客户端下载页面，单击"适用于 Windows XP"按钮，保存客户端安装文件，按照默认设置安装客户端。

(3) 在终端安全管理系统控制中心与 PostgreSQL 数据库系统分离部署后，控制中心与数据库系统可以正常连接，并可以正常提供下载客户端程序，满足实验预期。

【实验思考】

(1) 终端安全管理系统缓存数据库是否也可以独立安装？
(2) 对于终端安全管理系统而言，进行数据库分离部署的原则是什么？

1.1.4　终端安全管理系统控制中心与数据库系统、应用分离部署实验

【实验目的】

掌握终端安全管理系统控制中心与数据库分离，进行独立部署数据库、缓存服务器和队列服务器(同一台服务器)、应用服务器，以及配置、管理服务器的方法。

【知识点】

终端安全管理系统控制中心分离部署，Docker 部署，数据库服务器部署，缓存服务器部署，队列服务器部署，应用服务器部署，管理服务器部署。

【场景描述】

A 公司由于业务发展，信息系统的终端数量增加非常迅速，导致终端安全管理系统

服务器(1 台)性能无法满足业务需要。张经理要求安全运维工程师小王改善终端安全管理系统运行条件,小王分析业务需求后,决定使用分离部署方案重新部署终端安全管理系统,以便减轻管理服务器的压力。请帮助小王进行终端安全管理系统分离部署安装和配置。

【实验原理】

当用户的公司规模较大,终端安全管理系统管理终端数量较多时,一台服务器的性能通常无法满足公司的管理需求。终端安全管理系统提供了分离部署方案,可以把对性能要求较高的数据库单独部署一台服务器,缓存服务和队列服务部署在另一台服务器,再独立部署一台应用服务器,这样可以大幅降低管理服务器的计算压力,以便管理更多终端。

Beanstalk(以下简称 Bstk)是一个高性能、轻量级的分布式内存队列系统,设计的目的是通过后台异步执行耗时的任务来降低高容量 Web 应用系统的页面访问延迟。Redis 是一个开源的支持网络,可基于内存,也可基于持久化的日志型、Key-Value 类别数据库。

【实验设备】

主机设备:Windows Server 2008 R2 主机 2 台,CentOS 主机 2 台,Windows 7 主机 1 台。

网络设备:交换机 1 台。

【实验拓扑】

实验拓扑如图 1-126 所示。

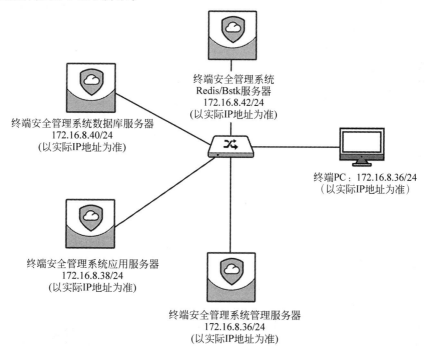

图 1-126　终端安全管理系统控制中心与数据库系统、应用分离部署实验拓扑

【实验思路】

（1）安装部署 Redis/Bstk 服务器。

（2）安装部署 PostgreSQL 数据库服务器。

（3）安装部署终端安全管理系统服务器。

（4）安装部署应用服务器。

（5）验证部署的可用性。

【实验步骤】

（1）进入实验对应拓扑中的 Redis/Bstk 服务器，如需输入密码可输入"123456"，如图 1-127 所示。

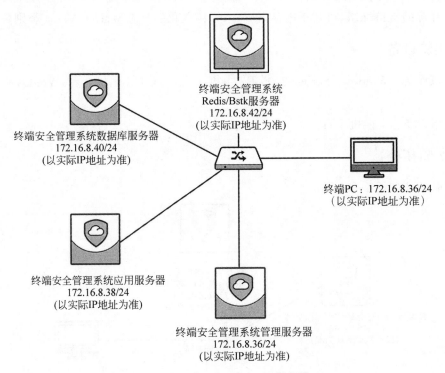

图 1-127　进入 Redis/Bstk 服务器

（2）在 CentOS 桌面空白处右击鼠标，在弹出的菜单中单击"打开终端"，如图 1-128 所示。

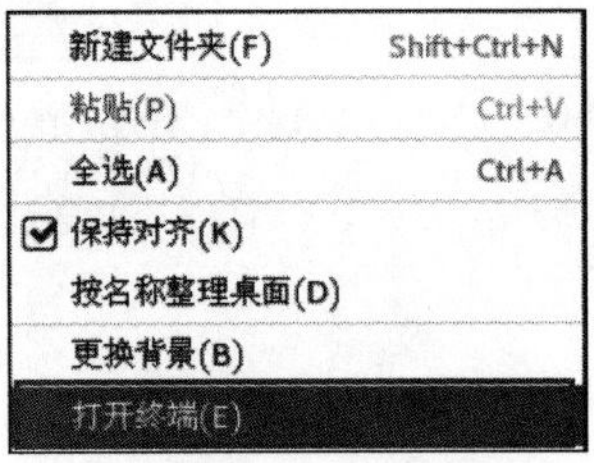

（3）在终端窗口界面中输入命令"systemctl start docker"，启动 Docker，等待 1s 左右，如果没有内容输出且直接换行代表命令执行成功，如图 1-129 所示。

（4）输入命令"ls"，查看当前目录下的文件，以 skylar_beanstalkd…开头的文件是 Beanstalkd 队列服务的 Docker 容器文件，以 skylar_redis…开头的文件是 Redis 缓存服务

图 1-128　打开终端

的 Docker 容器,如图 1-130 所示。

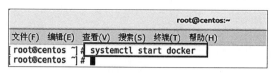

图 1-129　启动 Docker

```
[root@centos ~]#
[root@centos ~]# ls
anaconda-ks.cfg                                                          公共    下载
Desktop                                                                  模板    音乐
skylar_beanstalkd_6.3.0.5155_3062c8c3571eb0f0173e02743b3c88c8.tar         视频    桌面
skylar_pg_6.3.0.5155_cc3acee598a1c3dde934b5d17efa4928.tar                图片
skylar_redis_6.3.0.5155_5fc056cb1ebc70653ac5a32d513e255b.tar             文档
[root@centos ~]#
```

图 1-130　查看文件

(5) 输入命令“docker load<skylar_beanstalkd_6.3.0.5155_3062c8c3571eb0f0173
e02743b3c88c8.tar”,在输入过程中可按 Tab 键自动补全,加载 Beanstalkd 容器,如图 1-131
所示。

```
[root@centos ~]#
[root@centos ~]# docker load < skylar_beanstalkd_6.3.0.5155_3062c8c3571eb0f0173e
02743b3c88c8.tar
e98d315b6ab7: Loading layer 114.8 MB/196.8 MB
```

图 1-131　加载 Bstk 容器

(6) 加载过程大约 10s 左右,重新出现光标时说明容器已经加载完毕,如图 1-132
所示。

```
                                    root@centos:~                        _  □  ×
文件(F)  编辑(E)  查看(V)  搜索(S)  终端(T)  帮助(H)
c9dc0a604273: Loading layer 33.03 MB/33.03 MB
3d7ad6069557: Loading layer 8.192 kB/8.192 kB
f56902a70e5b: Loading layer 1.024 kB/1.024 kB
7d107bc530aa: Loading layer 11.22 MB/11.22 MB
a13a20018965: Loading layer 2.264 MB/2.264 MB
c93671d6cc1a: Loading layer 1.196 MB/1.196 MB
a89394d0293f: Loading layer  898 kB/898 kB
bd84259c9f4d: Loading layer 3.584 MB/3.584 MB
27edb5cab1c8: Loading layer 3.584 kB/3.584 kB
a3c47e1c5102: Loading layer 1.536 kB/1.536 kB
e2ba7f422993: Loading layer 1.024 kB/1.024 kB
068813ae03b5: Loading layer 9.728 kB/9.728 kB
0169fc3df27d: Loading layer 9.216 kB/9.216 kB
1a1813cc5a19: Loading layer 2.048 kB/2.048 kB
6d4ef2ea9f18: Loading layer 2.048 kB/2.048 kB
88941b9fa8d7: Loading layer 4.096 kB/4.096 kB
7ee2392666b2: Loading layer 4.096 kB/4.096 kB
8cac5fbd10c2: Loading layer 1.024 kB/1.024 kB
086b539c89b1: Loading layer 1.024 kB/1.024 kB
a5ca4b76be4d: Loading layer 1.024 kB/1.024 kB
[root@centos ~]#
[root@centos ~]#
[root@centos ~]#
[root@centos ~]#
```

图 1-132　加载完毕

（7）输入命令"docker images"，查看容器，显示 skylar_beanstalkd 代表已经成功加载，如图 1-133 所示。

图 1-133　查看容器

（8）输入命令"docker run -v /data/beanstalkd:/var/lib/beanstalkd -d --net＝host --privileged ＝ true --name beanstalkd --restart ＝ always skylar _ beanstalkd"，启动 Beanstalkd 容器，若正常启动则会输出一串无规则字符，如图 1-134 所示。

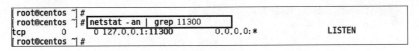

图 1-134　启动容器

（9）输入命令"netstat -an｜grep 11300"，显示 11300 端口正在侦听，说明 Beanstalkd 服务正在运行，如图 1-135 所示。

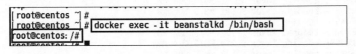

图 1-135　查看端口侦听

（10）因为终端安全管理系统需要远程连接 Beanstalkd，所以需要将 Beanstalkd 服务侦听的本地地址配置为能够被远程使用。输入命令"docker exec -it beanstalkd /bin/bash"，进入容器，当出现"root@centos：/♯"时说明成功执行，如图 1-136 所示。

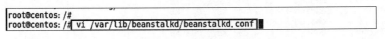

图 1-136　进入 Beanstalkd 容器

（11）输入命令"vi /var/lib/beanstalkd/beanstalkd.conf"，编辑 Beanstalkd 配置文件，如图 1-137 所示。

图 1-137　编辑配置文件

（12）找到"listenIP＝127.0.0.1"一行，如图 1-138 所示。

（13）按 I 键进入编辑模式，将 127.0.0.1 修改为 0.0.0.0，如图 1-139 所示。

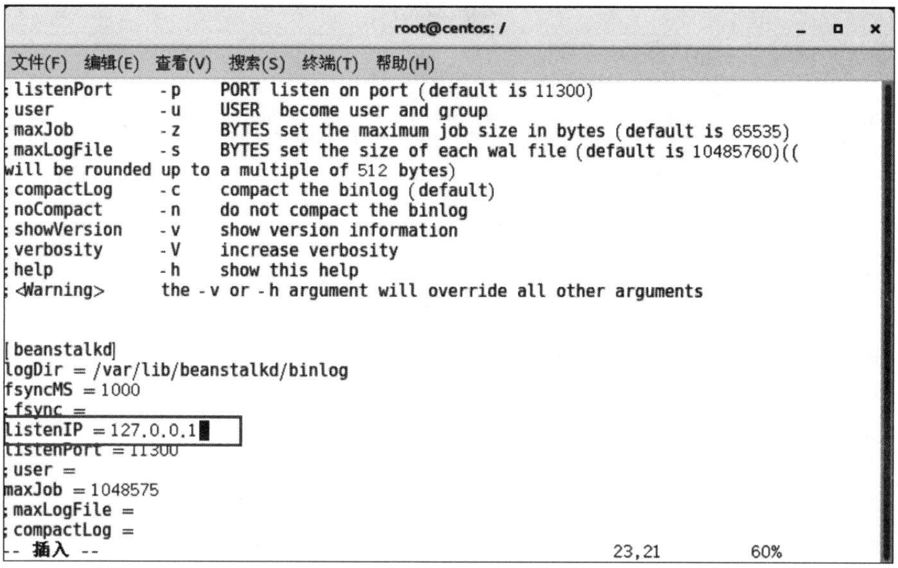

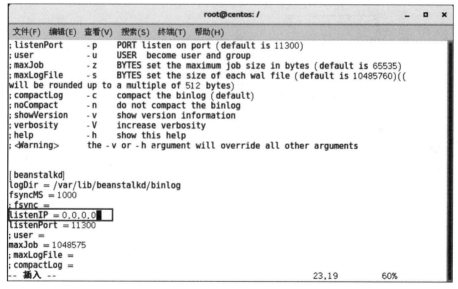

图 1-138　编辑配置文件

图 1-139　更改 IP

（14）按 Esc 键,再输入":wq",保存并退出,如图 1-140 所示。

（15）输入命令"exit",退出 Beanstalkd 容器,如图 1-141 所示。

（16）输入命令"docker restart beanstalkd",重启 Beanstalkd 容器,使更改生效,如图 1-142 所示。

（17）输入命令"netstat -an｜grep 11300",Beanstalkd 侦听的 IP 地址是 0.0.0.0,如图 1-143 所示。

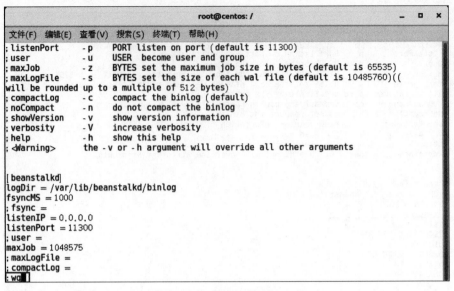

图 1-140　保存并退出

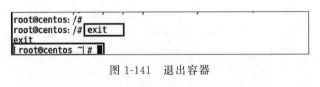

图 1-141　退出容器

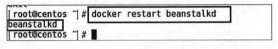

图 1-142　重启 Beanstalkd

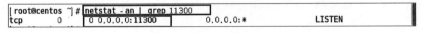

图 1-143　查看端口

（18）接下来安装 Redis 缓存服务，在终端执行命令"ls"，查看 Redis 的 Docker 容器，文件是否存在，即带有 skylar_redis 开头的文件。输入命令"docker load<skylar_redis_6.3.0.5155_5fc056cb1ebc70653ac5a32d513e255b.tar"（输入文件名时可按 Tab 键自动补全），加载 Redis 容器，如图 1-144 所示。

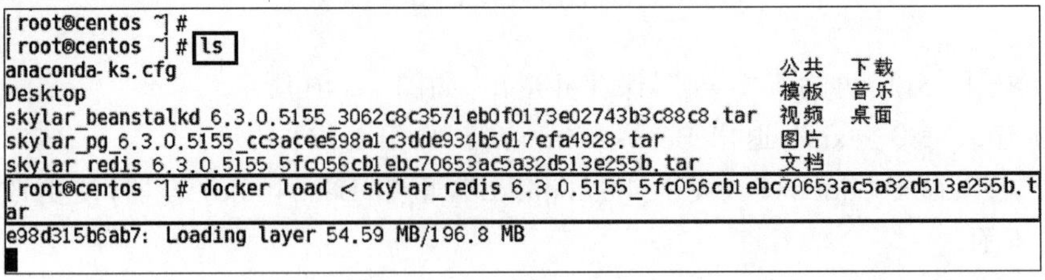

图 1-144　加载 Redis 容器

（19）输入命令"docker images"，查看已加载的 Docker 容器镜像，如图 1-145 所示。

图 1-145　查看已加载的容器镜像

（20）输入命令"docker run -v /data/redis:/var/lib/redis -d --net＝host --privileged＝true --name redis --restart＝always skylar_redis"，启动 Redis 容器，如图 1-146 所示。

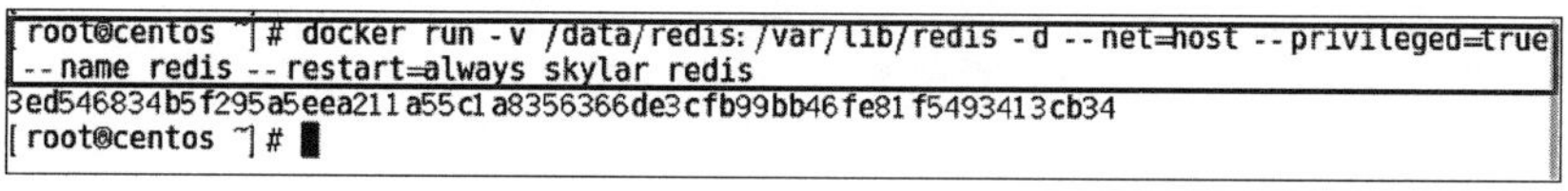

图 1-146　启动 Redis 容器

（21）执行命令"netstat -tan ｜ grep 6379"，查看 Redis 端口是否在监听，如图 1-147 所示。

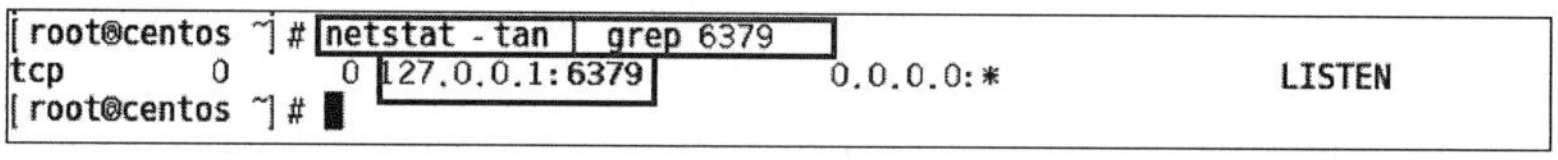

图 1-147　查看端口

（22）可以查看 Redis 服务侦听的 IP 地址是 127.0.0.1，所以需要更改 Redis 配置文件，使 Redis 能够远程使用。输入命令"docker exec -it redis /bin/bash"，进入 Redis 容器命令行界面，如图 1-148 所示。

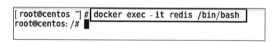

图 1-148　进入 Redis 容器

（23）输入命令"vi /var/lib/redis/redis.conf"，编辑 Redis 的配置文件，如图 1-149 所示。

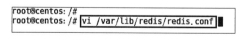

图 1-149　编辑 Redis 配置文件

（24）找到"bind 127.0.0.1"一行，按 I 键进入插入模式，将 127.0.0.1 修改为 0.0.0.0，如图 1-150 和图 1-151 所示。

（25）按 Esc 键，输入"：wq"，保存并退出。输入命令"exit"，退出容器，输入命令"docker restart redis"，重启 Redis 容器，如图 1-152 所示。

（26）输入命令"netstat -tan ｜ grep 6379"，查看端口侦听情况，侦听的 IP 地址已变更为 0.0.0.0，如图 1-153 所示。

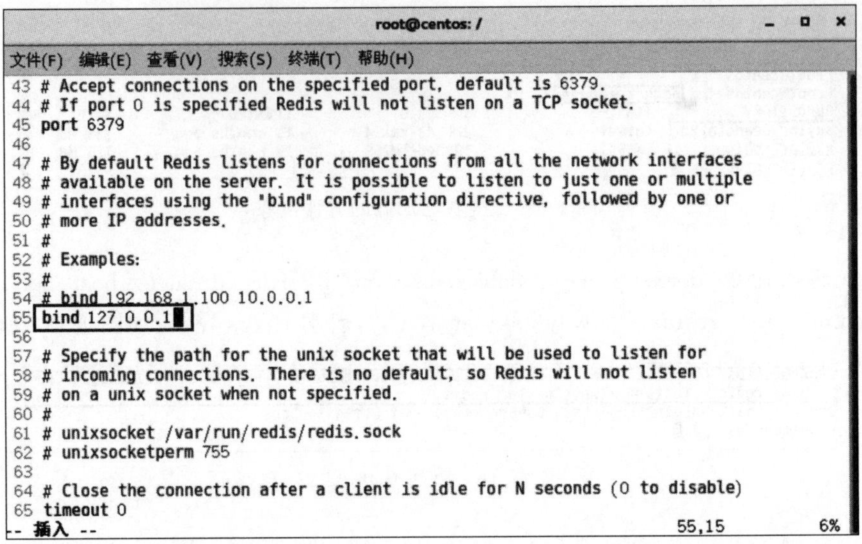

```
                                    root@centos: /              _  ▫  ✕
文件(F)  编辑(E)  查看(V)  搜索(S)  终端(T)  帮助(H)
43 # Accept connections on the specified port, default is 6379.
44 # If port O is specified Redis will not listen on a TCP socket.
45 port 6379
46
47 # By default Redis listens for connections from all the network interfaces
48 # available on the server. It is possible to listen to just one or multiple
49 # interfaces using the "bind" configuration directive, followed by one or
50 # more IP addresses.
51 #
52 # Examples:
53 #
54 # bind 192.168.1.100 10.0.0.1
55 bind 127.0.0.1
56
57 # Specify the path for the unix socket that will be used to listen for
58 # incoming connections. There is no default, so Redis will not listen
59 # on a unix socket when not specified.
60 #
61 # unixsocket /var/run/redis/redis.sock
62 # unixsocketperm 755
63
64 # Close the connection after a client is idle for N seconds (0 to disable)
65 timeout 0
-- 插入 --                                                    55,15        6%
```

图 1-150　找到 bind 行

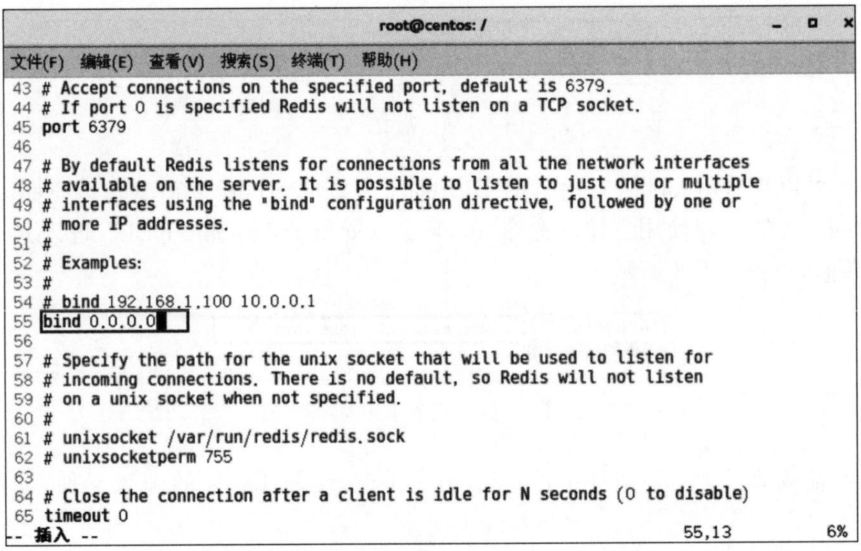

```
                                    root@centos: /              _  ▫  ✕
文件(F)  编辑(E)  查看(V)  搜索(S)  终端(T)  帮助(H)
43 # Accept connections on the specified port, default is 6379.
44 # If port O is specified Redis will not listen on a TCP socket.
45 port 6379
46
47 # By default Redis listens for connections from all the network interfaces
48 # available on the server. It is possible to listen to just one or multiple
49 # interfaces using the "bind" configuration directive, followed by one or
50 # more IP addresses.
51 #
52 # Examples:
53 #
54 # bind 192.168.1.100 10.0.0.1
55 bind 0.0.0.0
56
57 # Specify the path for the unix socket that will be used to listen for
58 # incoming connections. There is no default, so Redis will not listen
59 # on a unix socket when not specified.
60 #
61 # unixsocket /var/run/redis/redis.sock
62 # unixsocketperm 755
63
64 # Close the connection after a client is idle for N seconds (0 to disable)
65 timeout 0
-- 插入 --                                                    55,13        6%
```

图 1-151　修改为 0.0.0.0

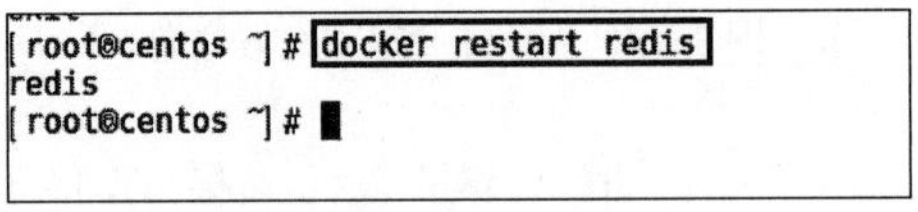

```
[root@centos ~]# docker restart redis
redis
[root@centos ~]# 
```

图 1-152　重启容器

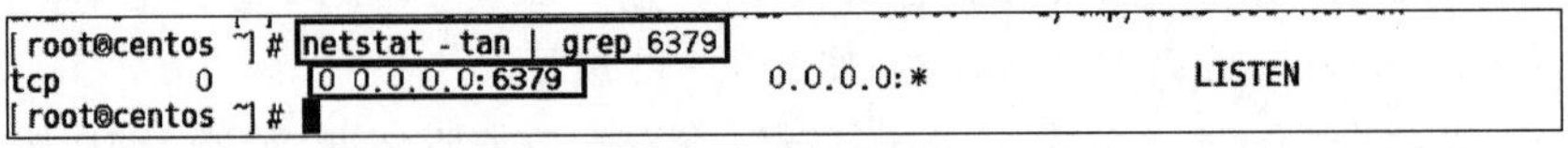

```
[root@centos ~]# netstat -tan | grep 6379
tcp        0    0 0.0.0.0:6379            0.0.0.0:*               LISTEN
[root@centos ~]# 
```

图 1-153　查看端口

（27）输入命令"firewall-cmd --zone＝public --add-port＝11300/tcp --permanent"，设置防火墙开放 11300 端口，以便外部能够访问 Beanstalkd 所需的 11300 端口，如图 1-154 所示。

```
[root@centos ~]# firewall- cmd --zone=public --add-port=11300/tcp --permanent
success
[root@centos ~]# 
```

图 1-154　开放 11300 端口

（28）输入命令"firewall-cmd --zone＝public --add-port＝6379/tcp --permanent"，设置防火墙开放 Redis 服务所需的 6379 端口，如图 1-155 所示。

```
[root@centos ~]# firewall- cmd --zone=public --add-port=6379/tcp --permanent
success
```

图 1-155　开放 6379 端口

（29）输入命令"firewall-cmd --reload"，重新启动防火墙，使配置生效，如图 1-156 所示。

```
[root@centos ~]# firewall- cmd --reload
success
```

图 1-156　重启防火墙

（30）进入终端安全管理系统数据库服务器（如需密码输入"1234546"），单击 CentOS 桌面右上角的"电源"按钮，选择"有线 已关闭"→"有线设置"，单击齿轮状"设置"按钮，进入网卡信息设置页面。在有线设置页面中，选择 IPv4 选项卡进入 IPv4 地址设置，输入 IP 地址为"172.16.8.40"，子网掩码为"255.255.255.0"，单击右上角的"应用"按钮保存配置。

（31）右击桌面空白处选择"打开终端"打开命令行终端，输入命令"ls"，查看当前目录下的文件，可以看到 skylar_pg 开头的文件即是数据库容器。输入命令"systemctl start docker"，启动 Docker。

（32）输入命令"docker load < skylar _ pg _ 6.3.0.5155 _ cc3acee598a1c3dde934 b5d17efa4-928.tar"（可在输入文件名时按 Tab 键自动补全）加载数据库容器，输入命令"docker images"，查看已加载的 Docker 容器，应可看到 skylar_pg 容器。

（33）输入命令"docker run -d --net＝host --privileged＝true -v /data/pg：/var/lib/postgresql/9.5/main --name pg --restart＝always skylar_pg"，启动 PostgreSQL 容器并将容器名命名为 pg，输入命令"netstat -an｜grep 5432"，查看端口是否正常运行。

（34）输入命令"docker exec -it pg /bin/bash"，登入 pg 容器。输入命令"vi /var/lib/postgresql/9.5/main/pg_hba.conf，"编辑 pg 的配置文件，将终端安全管理系统控制中心主机添加到信任列表，按 I 键切换为插入模式，在 host all all 127.0.0.1/32 trust 之后插入一行，输入"host all all 172.16.8.0/24 trust"，中间加入适当空格保持对齐。添加完成后按 Esc 键，输入"：wq"保存并退出。再输入命令"exit"退出容器，输入命令"docker restart pg"，重启 pg 容器。

（35）输入命令"firewall-cmd --zone＝public --add-port＝5432/tcp --permanent"，添加 pg 容器开放端口，如图 1-157 所示。

```
[root@centos ~]# firewall-cmd --zone=public --add-port=5432/tcp --permanent
success
```

图 1-157　添加端口

（36）输入命令"firewall-cmd --reload"，重新启动防火墙，使规则生效。

【实验预期】

（1）终端安全管理系统管理服务器与数据库服务器成功连接。
（2）终端安全管理系统管理服务器与应用服务器成功连接。
（3）终端能够成功部署终端安全管理系统客户端。

【实验结果】

（1）进入实验对应拓扑中的终端安全管理系统管理服务器，单击"开始"按钮，单击终端安全管理系统控制中心配置向导，打开控制中心配置向导。在配置工具界面中，服务器模式选择"管理服务器"，单击"下一步"按钮，"数据库信息"输入"172.16.8.40：5432"，"缓存服务器信息"输入"172.16.8.42：6379"，"队列服务器信息"输入"172.16.8.42：11300"，"超级管理员密码"输入"！1fw@2soc♯3vpn"，勾选"允许部署应用服务器"复选框，其他配置选项保持默认，单击"完成"按钮，如图 1-158 所示。

图 1-158　配置信息

（2）随后程序会检测数据库信息有效性、缓存服务器信息有效性和队列服务器信息有效性进行验证，如图 1-159 所示。

图 1-159　检测数据库配置信息

（3）若所有信息都是有效的，则会出现配置成功页面，单击"确定"按钮，完成控制中心配置。

（4）进入终端安全管理系统-应用服务器，单击"开始"按钮，单击终端安全管理系统控制中心配置向导，打开配置向导。在配置工具界面，"服务器模式"选择"应用服务器"，单击"下一步"按钮，如图 1-160 所示。

（5）在配置页面输入管理服务器信息为"172.16.8.36:8080"，数据库信息为"172.16.8.40:5432"，缓存服务器端口为"172.16.8.42:6379"，队列服务器信息为"172.16.8.42:11300"，其他选项保持默认配置，单击"完成"按钮，如图 1-161 所示。

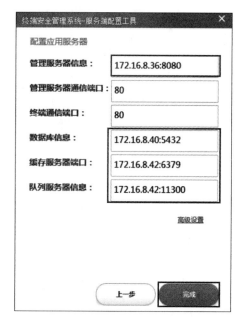

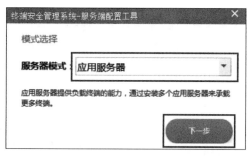

图 1-160　配置服务器模式

图 1-161　配置应用服务器

（6）等待配置信息有效性检测完成后会显示配置成功提示，单击"确定"按钮完成应用服务器的配置。

（7）双击桌面的终端安全管理系统控制中心快捷方式，在浏览器地址栏可以看到访问的地址并不是本地地址 127.0.0.1，而是管理服务器的 IP 地址，说明应用服务器已经配置成功，如图 1-162 所示。

图 1-162　管理界面信息

（8）进入实验对应拓扑中的 Windows 7 终端 PC，用户选择 Administrator，密码为 123456，运行 IE 浏览器，输入终端安全管理系统管理地址 IP 为"172.16.8.36"，显示客户端下载页面，保存客户端安装文件，按照默认设置安装客户端即可。

（9）终端安全管理系统管理中心与数据库服务器、应用服务器分离部署后，管理中心与数据库服务器（PostgreSQL、Beanstalkd、Redis）均可正常连接，终端访问管理中心可正常下载客户端程序，满足实验预期。

【实验思考】

（1）如果公司的终端数量特别多，比如两万台时这样的部署方案还合适吗？

（2）数据库服务器分离部署后，是否需要进一步优化相关配置？

1.1.5　终端安全管理系统全分离部署实验

【实验目的】

掌握终端安全管理系统的管理中心全分离部署，包括 PostgreSQL 数据库、Redis 缓存服务器、Beanstalkd 队列服务器以及应用服务器的分离部署。

【知识点】

数据库系统 Docker 分离部署,终端安全管理系统应用服务器配置,终端安全管理系统管理服务器配置。

【场景描述】

A 公司原有终端安全管理系统因为公司信息系统中终端数量太多,导致运行效率低下,影响安全业务的运行、管理。为解决当前信息系统面临的问题,以及未来信息系统可能出现的终端规模扩张,需要调整现在公司终端安全管理系统架构,张经理要求安全运维工程师小王采用终端安全管理系统全分离式部署,以提高终端安全管理系统服务器的运行效率和可扩展性,以便解决当前终端安全管理的需求和未来业务发展需要。请帮助小王实现终端安全管理系统的分离式部署。

【实验原理】

当公司的规模非常庞大时,公司内部的终端数量往往会超过 5 万台,通常的终端安全管理系统分离部署也满足不了如此庞大的流量,所以需要把终端安全管理系统的各种服务分离部署在多台服务器上,把数据库服务、队列服务、缓存服务、应用服务、管理服务分开部署,用于分担服务器的压力,还可以采用多台服务器安装某一类服务实现并发来进一步分担管理服务器的压力,提高性能。

【实验设备】

主机终端:Windows Server 2008 R2 主机 2 台,CentOS 7 主机 3 台,Windows 7 主机 1 台。
网络设备:交换机 1 台。

【实验拓扑】

实验拓扑如图 1-163 所示。

【实验思路】

(1)安装 PostgreSQL 数据库服务。
(2)安装 Beanstalkd 缓存服务。
(3)安装 Redis 服务。
(4)安装终端安全管理系统管理中心服务。
(5)安装终端安全管理系统应用中心服务。

【实验步骤】

1. 安装数据库服务

(1)进入实验对应拓扑中的终端安全管理系统数据库服务器,密码为 123456,如图 1-164 所示。

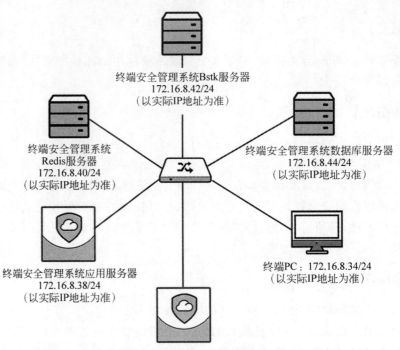

图 1-163　终端安全管理系统全分离部署实验拓扑

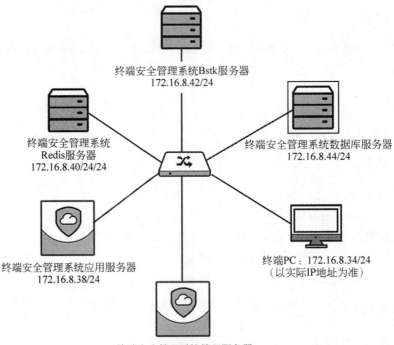

图 1-164　登录终端安全管理系统数据库服务器

（2）在桌面空白处右击鼠标，在弹出的菜单中选择"打开终端"打开终端窗口。在终端界面中输入命令"systemctl start docker"，启动 Docker 进程。输入命令"ls"，显示的文件中以 skylar_pg 开头的文件是 PostgreSQL 数据库容器。

（3）输入命令"docker load<skylar_pg_6.3.0.5155_cc3acee598a1c3dde934b5d17efa4928.tar"导入 PostgreSQL 数据库容器，再输入命令"docker images"查看当前容器镜像，可以看到名为"skylar_pg"的容器。

（4）输入命令"docker run -v /data/pg:/var/lib/postgresql/9.5/main -d --net＝host --privileged＝true -name pg-rtestart＝always skylar_pg"，启动 Docker 容器，并将容器命名为 pg。输入命令"docker ps"，查看当前正在运行的容器，可以看到名为 pg 的容器正在运行。

（5）输入命令"netstat -tan｜grep 5432"，查看端口 5432 正在被侦听，因为终端安全管理系统需要远程使用 PostgreSQL 数据库，所以需要把远程地址加入信任列表。输入命令"docker exec -it pg /bin/bash"，进入 pg 容器，输入命令"vi /var/lib/postgresql/9.5/main/pg_hba.conf"，编辑数据库配置文件。按 I 键进入插入模式，在"host all all 127.0.0.1/32 trust"一行后，新增一行，输入"host all all 172.16.8.0/24 trust"，中间添加适当的空格跟上一行对齐。添加完成之后按 Esc 键进入命令模式，输入"：wq"保存并退出。输入命令"exit"退出容器，输入命令"docker restart pg"，重启 PostgreSQL 数据库容器。

（6）输入命令"firewall-cmd --zone＝public --add-port＝5432/tcp --permanent"，添加开放端口，使终端安全管理系统管理中心可以访问，输入命令"firewall-cmd --reload"，重新启动防火墙，使添加的规则生效。

2. 安装缓存服务

（1）进入终端安全管理系统 Bstk 服务器，密码 123456，如图 1-165 所示。

（2）在桌面空白处右击鼠标，单击"打开终端"打开终端，在终端输入命令"systemctl start docker"，启动 Docker 进程。输入命令"ls"，查看当前目录下的文件，以 skylar_beanstalkd 开头的是 Bstk 的容器。输入命令"docker load<skylar_beanstalkd_6.3.0.5155_3062c8c3571eb0f0173e02743b3c88c8.tar"（输入文件名时可按 Tab 键自动补全文件名），加载 Bstk 容器。导入完成之后输入命令"docker images"，查看已加载的容器镜像。输入命令"docker run -v /data/beanstalkd:/var/lib/beanstalkd --d --net＝host --privileged＝true --name beanstalkd --restart＝always skylar_beanstalkd"，启动 Beanstalkd 容器。

（3）输入命令"netstat -tan｜grep 11300"，查看端口是否正常，可以看到 Beanstalkd 侦听的地址为 127.0.0.1。因为终端安全管理系统需要远程使用 Beanstalkd，所以需要改变 Beanstalkd 的侦听地址。输入命令"docker exec -it beanstalkd /bin/bash"，进入 Beanstalkd 容器。输入命令"vi /var/lib/beanstalkd/beanstalkd.conf"，编辑 Beanstalkd 的配置文件。进入编辑页面后，按 I 键进入插入模式，将"listenIP＝127.0.0.1"修改为"listenIP＝0.0.0.0"。按 Esc 键，输入"：wq"，保存更改并退出。输入命令"exit"，退出容器。输入命令"docker rsetart beanstalkd"，重启容器，使更改生效。

（4）将 Beanstalkd 监听端口加入防火墙规则，输入命令"firewall-cmd --zone＝public

--add-port＝11300/tcp --permanent",添加开放端口。输入命令"firewall-cmd --reload",重启防火墙使得配置生效。

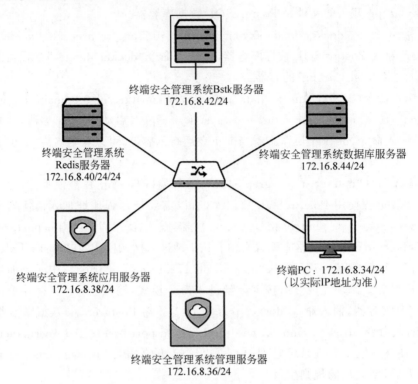

图 1-165　登录终端安全管理系统 Bstk 服务器

（5）输入命令"netstat -tan ｜ grep 11300",查看端口,应可以看到 Beanstalkd 服务侦听的 IP 地址是 0.0.0.0。

3. 安装 Redis 服务

（1）进入实验对应拓扑中的终端安全管理系统 Redis 服务器,密码 123456,如图 1-166 所示。

（2）在桌面空白处右击鼠标,选择"打开终端"打开终端,在终端界面输入命令"systemctl start docker",启动 Docker。输入命令"ls",可以查看当前目录下的文件,以"skylar_redis"开头的就是 Redis 容器。

（3）输入命令"docker load<skylar_redis_6.3.0.5155_5fc056cb1ebc70653ac5a32d513e255b.tar",导入容器镜像。容器导入完成后输入命令"docker images",查看是否导入成功。输入命令"docker run -v /data/redis:/var/lib/redis -d --net＝host --privileged＝true --name redis --restart＝always skylar_redis",启动 Redis 容器。输入命令"netstat -tan ｜ grep 6379",查看端口是否正常。由于 Redis 服务侦听的地址为本地的 127.0.0.1,因为终端安全管理系统需要远程使用 Redis 服务,所以需要更改侦听地址。输入命令"docker exec -it redis /bin/bash",进入 Redis 容器。输入命令"vi /var/lib/redis/redis.conf",编辑 Redis 配置文件。进入编辑页面后,按 I 键进入插入模式,修改"bind 127.0.0.1",将

127.0.0.1 地址修改为 0.0.0.0,修改完成后按 Esc 键,再输入":wq",保存更改并退出。输入命令"exit",退出容器,再输入命令"docker restart redis",重启 Redis 容器。

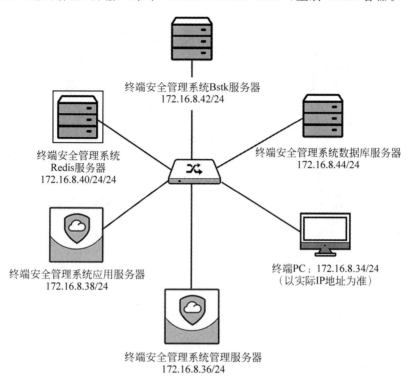

终端安全管理系统Bstk服务器
172.16.8.42/24

终端安全管理系统
Redis服务器
172.16.8.40/24/24

终端安全管理系统数据库服务器
172.16.8.44/24

终端安全管理系统应用服务器
172.16.8.38/24

终端PC:172.16.8.34/24
(以实际IP地址为准)

终端安全管理系统管理服务器
172.16.8.36/24

图 1-166　登录终端安全管理系统 Redis 服务器

(4) 输入命令"netstat -tan ｜ grep 6379",查看端口状态,确认侦听地址为 0.0.0.0。

(5) 添加 Redis 服务端口到防火墙规则中,输入命令"firewall-cmd --zone-public --add-port＝6379/tcp --permanent",添加开放端口。输入命令"firewall-cmd -reload",重启防火墙使得规则生效。

【实验预期】

(1) 终端安全管理系统管理服务器能够与 PostgreSQL、Redis、Beanstalkd 数据库连接成功。

(2) 应用服务器能够与 PostgreSQL、Redis、Beanstalkd 数据库连接成功。

(3) 终端能够下载安装终端安全管理系统客户端。

【实验结果】

1. 管理服务器成功安装

(1) 进入终端安全管理系统管理服务器,密码 123456,如图 1-167 所示。

(2) 管理服务器已经安装终端安全管理系统控制中心,单击桌面左下角的"开始"按钮,单击"终端安全管理系统控制中心配置向导",运行配置向导。

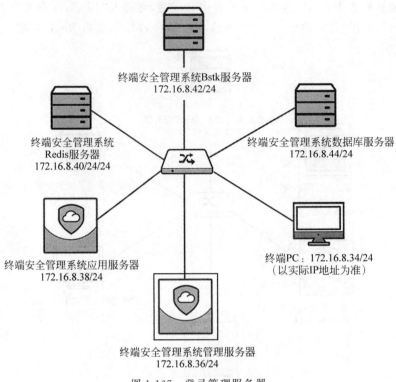

终端安全管理系统Bstk服务器
172.16.8.42/24

终端安全管理系统
Redis服务器
172.16.8.40/24/24

终端安全管理系统数据库服务器
172.16.8.44/24

终端安全管理系统应用服务器
172.16.8.38/24

终端PC：172.16.8.34/24
（以实际IP地址为准）

终端安全管理系统管理服务器
172.16.8.36/24

图 1-167　登录管理服务器

（3）在服务器配置页面中，"服务器模式"选择"管理服务器"，单击"下一步"按钮，在配置管理服务器页面中，数据库信息输入"172.16.8.44：5432"，缓存服务器信息输入"172.16.8.40：6379"，队列服务器输入"172.16.8.42：11300"，勾选"允许部署应用服务器"复选框，其他选项保持默认，单击"完成"按钮。等待服务器配置完成后会显示配置成功的提示，单击"确定"按钮即可。

2. 应用服务器成功安装

（1）进入实验对应拓扑中的终端安全管理系统应用服务器，密码 123456，如图 1-168 所示。

（2）终端安全管理系统应用服务器已经安装了终端安全管理系统控制中心，单击左下角的"开始"按钮，单击终端安全管理系统控制中心配置向导，运行配置向导。在"服务器模式"选择"应用服务器"，单击"下一步"按钮。管理服务器信息输入 172.16.8.36：8080，数据库信息输入 172.16.8.44：5432，缓存服务器端口输入 172.16.8.40：6379，队列服务器信息输入 172.16.8.42：11300，其他选项保持默认，单击"完成"按钮，等待配置信息检测完成后会出现配置成功提示，单击"确定"按钮即可。

3. 终端能够下载安装终端安全管理系统客户端

（1）进入实验对应拓扑中的终端 PC 控制台，密码 123456，如图 1-169 所示。

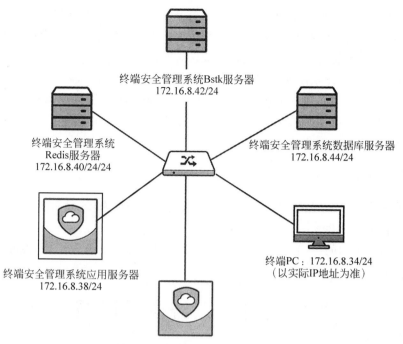

图 1-168　登录终端安全管理系统应用服务器

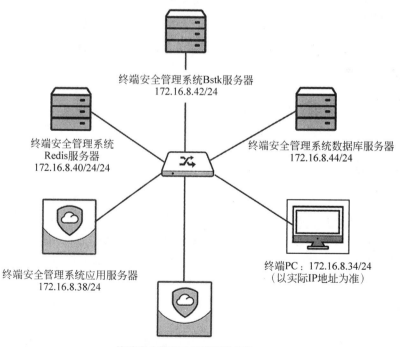

图 1-169　登录终端 PC

（2）运行 IE 浏览器，在地址栏中输入"172.16.8.36"，可以看到终端安全管理系统客户端下载页面，单击"适用于 Windows 7"按钮下载适用于终端 PC 平台的终端安全管理系统，保存客户端安装文件，按照默认设置安装客户端即可。

（3）终端安全管理系统采用管理中心、PostgreSQL、Redis、Beanstalkd、应用服务器全分离部署后，管理中心与 PostgreSQL、Redis、Beanstalkd 数据库可以正常连接，应用服务器与管理中心、PostgreSQL、Redis、Beanstalkd 数据库可以正常连接，终端可以进行正常的部署和升级，满足实验预期。

【实验思考】

（1）采用分离部署模式，对于高并发数据访问的数据库系统，是否可以部署多台数据库服务器解决相关问题？

（2）当组织机构的终端数量非常庞大时，除采用全分离部署方式外，还可以采用什么配套技术来提高终端安全管理性能？

1.2 终端安全管理系统基础配置

1.2.1 终端安全管理系统客户端定制与安装实验

【实验目的】

掌握终端安全管理系统客户端的各种功能定制方法，以及定制客户端的下发、安装操作。

【知识点】

终端安全管理系统客户端的功能定制、Logo 定制、背景定制、定制客户端下发、定制客户端安装。

【场景描述】

A 公司为宣传企业文化，统一管控终端安全管理系统客户端的相关功能，张经理要求安全运维工程师小王实现相关需求，小王需要使用终端安全管理系统客户端定制功能来定制一个满足公司要求的客户端。例如，客户端的标志显示为公司的品牌 Logo，客户端的主题颜色为蓝色主题；功能方面只能使用软件管家、优化加速、防黑加固功能。请帮助小王定制一款满足公司要求的终端安全管理系统客户端。

【实验原理】

终端安全管理系统终端安全管控系统支持客户端定制功能，客户可根据自己的需求对客户端进行 Logo、主题、背景、功能等方面的定制。管理员根据需求完成定制客户端配置之后，在终端安全管理系统控制中心中执行下发操作；终端可以通过访问控制平台自主更新、安装定制版本客户端。

【实验设备】

主机设备：Windows Server 2008 R2 主机 1 台，Windows 7 主机 2 台。
网络设备：交换机 1 台。

【实验拓扑】

实验拓扑如图 1-170 所示。

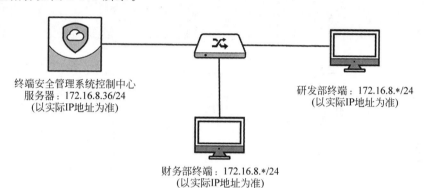

图 1-170　终端安全管理系统客户端定制与安装实验拓扑

【实验思路】

（1）财务部终端使用非定制客户端，可以在线安装。
（2）定制终端安全管理系统客户端。
（3）研发部下载客户端程序，安装后显示为定制客户端内容。

【实验步骤】

1. 财务部终端在线安装非定制客户端

（1）进入实验对应拓扑中的财务部终端，如图 1-171 所示。

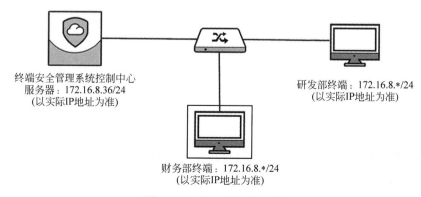

图 1-171　进入财务部终端

（2）在浏览器地址栏中输入网址"http://172.16.8.36"，显示客户端下载页面，单击"适用于 Windows 7"的客户端下载，保存客户端安装文件，按照默认设置安装客户端。

（3）双击桌面上终端安全管理系统客户端图标。终端安全管理系统客户端首页显示默认的通用功能，如图 1-172 所示。

图 1-172　客户端首页

2. 为 A 公司定制终端安全管理系统客户端

（1）进入实验对应拓扑中的终端安全管理系统管理服务器，如图 1-173 所示。

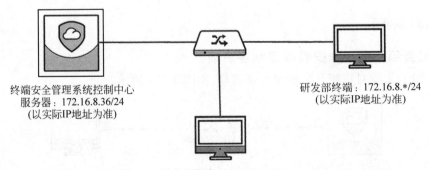

图 1-173　登录终端安全管理系统控制中心

（2）双击桌面上的终端安全管理系统控制中心图标，运行终端安全管理系统。使用用户名"admin"，密码"!1fw@2soc#3vpn"登录控制中心。进入终端安全管理系统控制中心首页，单击其中的"终端部署"，如图 1-174 所示。

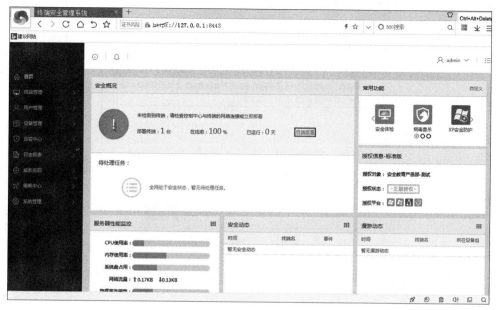

图 1-174　控制中心首页

（3）在弹出的"终端部署"对话框中，单击"更多"→"修改通知"，如图 1-175 所示。

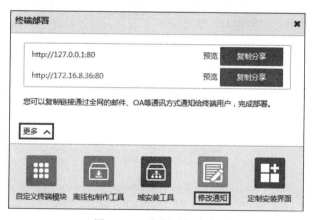

图 1-175　定制通知内容

（4）在修改通知界面，"通知标题"输入内容为"客户端安装提示"，具体内容修改为"各位同事：为提高公司网络安全性，请各位按要求下载安装终端安全管理系统客户端。如在安装过程中有问题，请及时联系 IT 部。"，单击"保存"按钮，关闭相应页面，如图 1-176 所示。

（5）在终端安全管理系统控制中心主页左侧单击"策略中心"→"终端策略"→"基本设置"→"终端定制"，可以查看当前的定制信息，如图 1-177 所示。

（6）在"终端外观定制"界面，填写"A 公司"，终端语言选择"简体中文"，终端皮肤选择"蓝色"，单击"上传 logo"，如图 1-178 所示。

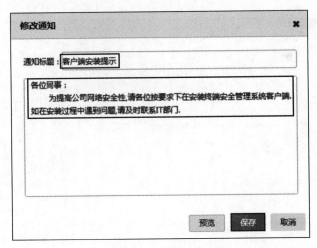

图 1-176　修改通知

图 1-177　终端定制信息界面

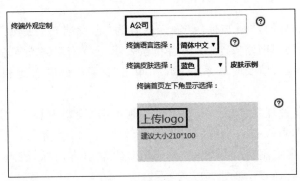

图 1-178　定制客户端外观

（7）在弹出的对话框中选择"桌面"，再选择桌面的"素材"文件夹中的"终端定制Logo"，单击"打开"按钮，上传选中的 Logo 素材（Logo 大小建议为 210×100px，格式为png）。上传成功后，可以在右侧预览上传 Logo 的效果，如图 1-179 所示。

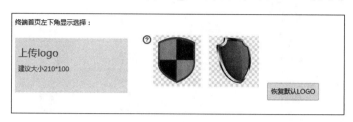

图 1-179　预览 Logo

（8）上传标题栏图标，单击"上传图片"，图片格式要求为 ico 格式。在弹出的对话框中选择"桌面"，再选择桌面的"素材"文件夹中的"终端安全管理系统定制终端图标"，单击"打开"按钮，上传标题栏图标。上传完成后，可以在右侧预览上传的标题栏图标，如图 1-180 所示。

图 1-180　预览图标

（9）在"终端入口"一栏，勾选"显示右下角托盘里的托盘小图标"和"当终端删除桌面或开始菜单快捷方式后重建图标"复选框，取消勾选"安全防护"复选框，如图 1-181 所示。

图 1-181　终端入口

（10）在"联系管理员"一栏，填写"管理员"，联系电话填写"010-123456"，联系邮箱填写"administrator@qianxin.com"，如图 1-182 所示。

图 1-182　联系管理员

（11）在"终端功能定制"一栏中，取消勾选"全部选择"复选框，如图1-183所示。

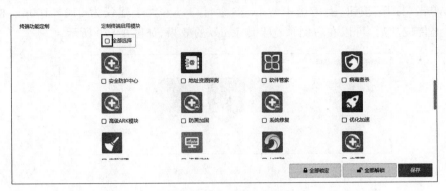

图1-183　功能定制

（12）在"定制终端启用模块"一栏中，勾选"软件管家""防黑加固""优化加速""主界面"4项功能，如图1-184所示。

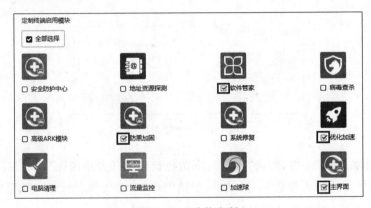

图1-184　功能定制

（13）完成配置后，单击页面右下角"保存"按钮，保存配置信息，如图1-185所示。

图1-185　保存配置

（14）保存成功后会弹出"提交成功！"的提示，如图 1-186 所示。

图 1-186　保存成功

3. 研发部在线安装定制客户端

（1）进入实验对应拓扑中的研发部终端，如图 1-187 所示。

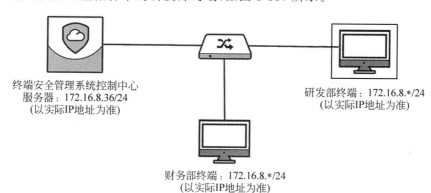

终端安全管理系统控制中心
服务器：172.16.8.36/24
（以实际IP地址为准）

研发部终端：172.16.8.*/24
（以实际IP地址为准）

财务部终端：172.16.8.*/24
（以实际IP地址为准）

图 1-187　进入研发部终端

（2）运行浏览器，输入网址"http://172.16.8.36"，出现客户端下载页面，在该页面可以查看到定制的安装提示，如图 1-188 所示。

图 1-188　客户端显示定制提示

（3）单击"适用于 Windows 7"按钮，保存客户端安装文件，按照默认设置安装客户端。

【实验预期】

（1）研发部终端安全管理系统客户端为定制版。

（2）财务部终端安全管理系统客户端自动更新为定制版。

（3）终端安全管理系统控制中心可查看终端部署信息。

【实验结果】

1. 研发部终端客户端为定制版

（1）在研发部终端桌面上的终端安全管理系统客户端图标、名称均为此前定制的客户端配置，如图 1-189 所示。

（2）在终端桌面的右下角任务状态栏中，客户端图标显示为定制图标，如图 1-190 所示。

图 1-189 定制图标

图 1-190 定制图标

（3）双击客户端图标，在终端安全管理系统客户端主页中查看相关定制信息，如图 1-191 所示。

图 1-191 定制模块

2. 财务部终端安全管理系统客户端自动更新为定制版

（1）返回实验对应拓扑中的财务部终端，财务部终端中的终端安全管理系统客户端图标、名称均已自动更新为定制客户端配置，如图 1-192 所示。

（2）在终端桌面右下角任务状态栏中，同样显示为定制图标，双击该图标，在终端安全管理系统客户端主页中可以查看到与研发部相同的相关定制信息。

图 1-192　定制图标

3. 终端安全管理系统控制中心查看终端部署数据

（1）返回实验对应拓扑中的终端安全管理系统控制中心，在终端安全管理系统控制中心首页可以查看两台终端部署信息。

（2）通过在终端安全管理系统中定制客户端的外观、信息等内容，在客户端中可正常显示定制信息内容；管理中心可通过自动更新方式将定制信息下发到客户端中，实现已安装客户端的界面更新为定制后的内容；客户端通过定制信息，没有影响到客户端与管理中心的连接，满足实验预期。

【实验思考】

（1）对于隔离网的终端该如何进行终端定制？

（2）除策略中心进入终端定制页面外，还有哪些方式可以定制相关信息？

1.2.2　终端安全管理系统客户端实验

【实验目的】

掌握终端安全管理系统客户端的基本使用方法。

【知识点】

漏洞修复、病毒扫描、优化加速、安全防护、防黑加固、清理垃圾。

【场景描述】

A 公司部署终端安全管理系统后，张经理要求安全运维工程师小王对公司员工进行一次终端安全管理系统客户端使用方法的培训，希望员工可以提高信息安全意识，可以自行在客户端上对分配给自己的终端进行漏洞扫描、病毒扫描、优化加速、垃圾清理等操作。请帮助小王对公司的员工进行终端安全管理系统客户端使用培训。

【实验原理】

终端安全管理系统的客户端部署在需要被保护的终端或服务器上，执行最终的木马病毒查杀、漏洞修复、安全防护等安全操作。管理员可以通过控制中心对网内所有终端进行统一管控，也可以通过终端用户自己在客户端上执行安全操作来实现对终端的安全防护，提高网络的安全性。

【实验设备】

主机设备：Windows Server 2008 R2 主机 1 台，Windows 7 主机 1 台。

网络设备：交换机 1 台。

【实验拓扑】

实验拓扑如图 1-193 所示。

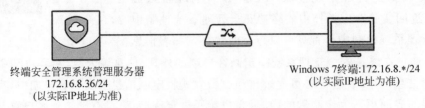

图 1-193　终端安全管理系统客户端实验拓扑

【实验思路】

（1）在 Windows 7 终端上安装终端安全管理系统客户端。

（2）在终端上使用客户端执行漏洞扫描。

（3）在终端上使用客户端执行病毒扫描。

（4）在终端上使用客户端执行优化加速操作。

（5）在终端上使用客户端执行安全防护操作。

（6）在终端上使用客户端执行防黑加固操作。

（7）在终端上使用客户端执行清理垃圾操作。

【实验步骤】

（1）进入实验对应拓扑中的 Windows 7 终端，如图 1-194 所示。

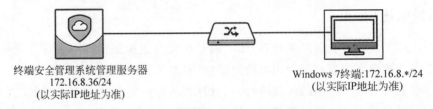

图 1-194　登录 Windows 7 终端

（2）运行浏览器，在地址栏中输入网址"http://172.16.8.36"，单击"适用于 Windows 7"按钮下载、保存客户端安装文件，按照默认设置安装客户端。

【实验预期】

（1）终端安全管理系统客户端正常使用。

（2）终端安全管理系统客户端可扫描出漏洞并进行修复。

（3）终端安全管理系统客户端可扫描出病毒并进行查杀。

（4）终端安全管理系统客户端可对终端进行优化加速操作。

（5）终端安全管理系统客户端可对终端进行安全防护设置。

（6）终端安全管理系统客户端可对终端进行防黑加固。

（7）终端安全管理系统客户端可对终端进行垃圾清理。

【实验结果】

1. 终端安全管理系统客户端可扫描出漏洞并进行修复

（1）在终端桌面上双击客户端快捷方式图标，运行客户端程序。在客户端主页面有"漏洞修复""病毒扫描""优化加速"等选项，单击"漏洞修复"图标，进行漏洞扫描，如图 1-195 和图 1-196 所示。

图 1-195　终端安全管理系统主页

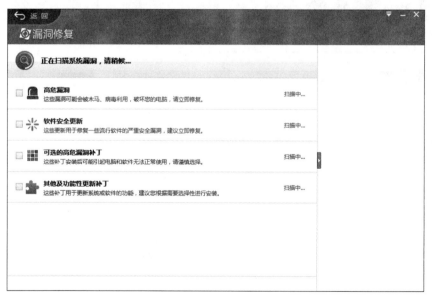

图 1-196　漏洞修复主页

（2）漏洞扫描结束后，可以看到具体漏洞数量、名称以及时间等信息，单击"立即修复"按钮可对扫描到的漏洞进行修复，如图 1-197 所示。

图 1-197　扫描得到的漏洞信息

（3）客户端会对应扫描到的漏洞下载对应漏洞的补丁，界面中可以看到下载、修复的具体进度，如图 1-198 所示。

图 1-198　漏洞修复进度

（4）由于实验环境中的终端安全管理系统不能联网更新漏洞库，只包含 2011—2012 年补丁包，故只能修复在此期间的漏洞，如图 1-199 所示。

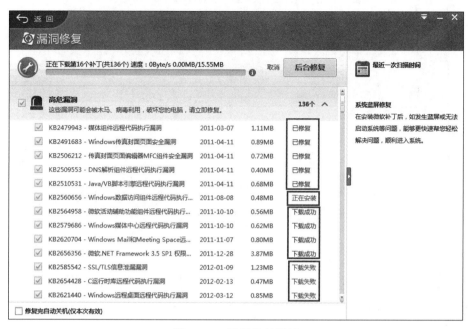

图 1-199　漏洞修复详情

（5）由于漏洞修复需时间比较久，实验过程仅作示例，因此单击左上角的"返回"按钮退出漏洞修复功能界面，如图 1-200 所示。

图 1-200　返回客户端主页面

2. 终端安全管理系统客户端可对扫描出的病毒进行查杀

（1）在客户端主页面，单击"病毒扫描"图标，如图 1-201 所示。

图 1-201　客户端主页

（2）在"病毒扫描"主页，包含"快速扫描""全盘扫描""自定义扫描"三种扫描方式，单击"快速扫描"图标，如图 1-202 所示。

图 1-202　病毒扫描主页

（3）单击后会进入快速扫描界面,分别会对木马、启动项、内存等进行扫描,如图 1-203 所示。

图 1-203　快速扫描病毒

（4）检测到木马病毒时,会弹出"木马查杀"对话框,实验过程仅作示例,因此单击"继续快速扫描"按钮即可,如图 1-204 所示。

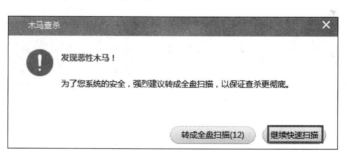

图 1-204　木马查杀

（5）快速扫描完成后,对于检测到的问题（例如检测到的病毒）,单击"一键处理"按钮进行处理,如图 1-205 所示。

（6）木马查杀处理成功后,会弹出提示页面,单击"稍后我自行重启"按钮,如图 1-206 所示。

（7）返回快速扫描页面,单击左上角"返回"按钮返回客户端主页面,显示本次快速扫描的处理结果,单击页面左上角的"返回"按钮,返回客户端主页面,如图 1-207 所示。

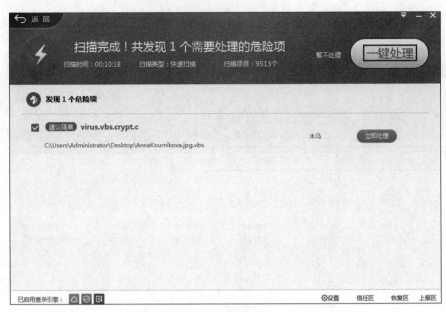

图 1-205　一键处理检测到的问题

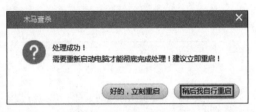

图 1-206　木马查杀

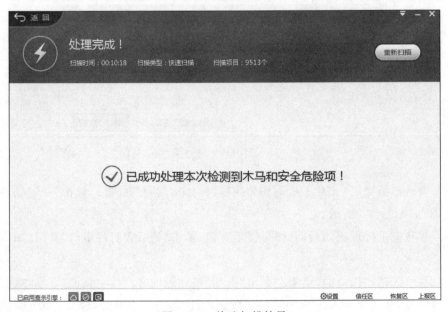

图 1-207　快速扫描结果

3. 终端安全管理系统客户端可对终端进行优化加速操作

（1）在客户端主页面，单击"优化加速"图标，如图 1-208 所示。

图 1-208　终端安全管理系统主页

（2）在"优化加速"界面中，单击右上角的"开始扫描"按钮，开始扫描系统中影响系统运行的程序、服务等内容，如图 1-209 所示。

图 1-209　开始扫描

（3）在扫描过程中，页面会显示具体扫描项目和相关信息，如图 1-210 所示。

图 1-210　优化加速扫描

（4）扫描后，页面显示可优化的项目，单击"立即优化"按钮，可对扫描到的内容进行优化，也可以选择某些内容进行优化，如图 1-211 所示。

图 1-211　优化加速项

（5）页面会显示具体优化进度，如图 1-212 所示。

图 1-212　优化加速结果

（6）对于某些需要用户确认的优化项目，会弹出优化提醒，在本实验中勾选"全选"复选框，然后单击"确认优化"按钮进行优化。在实际工作中，可以根据实际需要进行相应选择，如图 1-213 所示。

图 1-213　优化加速可选项

（7）根据步骤(6)选择的优化选项，会继续进行优化过程。优化工作完成后，显示优化数量，如图 1-214 所示。

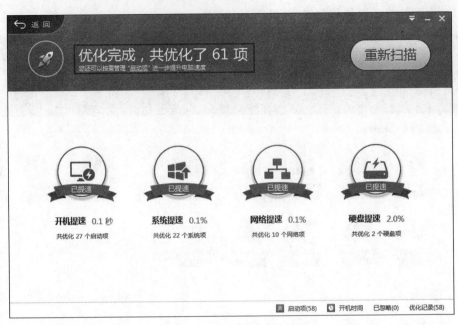

图 1-214　优化加速完成

(8) 单击优化加速页面左上角的"返回"按钮,返回客户端主页面。

4. 终端安全管理系统客户端可对终端进行安全防护

(1) 在客户端主页面中,单击"安全防护"图标,进入安全防护界面,如图 1-215 所示。

图 1-215　终端安全管理系统主页

（2）在"安全防护中心"主页中有"浏览器防护""系统防护""入口防护""隔离防护"4项防护，在"浏览器防护"一栏中单击"查看状态"按钮，如图 1-216 所示。

图 1-216 安全防护主页

（3）在"浏览器防护"一栏中会展开相关的防护选项，单击"邮件安全防护"旁的"关闭"按钮，如图 1-217 所示。

图 1-217 安全防护主页

（4）在弹出的提醒对话框中单击"确定"按钮，确认关闭邮件安全防护，如图 1-218 所示。

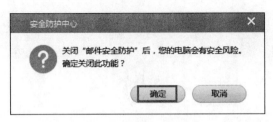

图 1-218　确认关闭

（5）在"安全防护中心"页面中，可以看到"邮件安全防护"已经关闭，界面中提示"立体防护未完全开启"，表明客户端对终端安全防护有缺失项。本实验仅作示例，在实际工作中应开启相关选项，以实现对终端的立体安全防护。单击页面右上角的"×"按钮关闭安全防护中心，返回客户端主页面，如图 1-219 所示。

图 1-219　安全防护

5. 终端安全管理系统客户端可对终端进行防黑加固

（1）在客户端主页面中，单击"防黑加固"图标进入防黑加固功能，如图 1-220 所示。

（2）在"防黑加固"页面，单击"立即检测"按钮对终端进行检测，如图 1-221 所示。

（3）检测后，会显示检测问题的详情页面，单击"立即处理"按钮对检测到的内容进行加固处理，如图 1-222 所示。

图 1-220　客户端主页

图 1-221　防黑加固页面

（4）加固处理完成后，在弹出的页面会显示处理结果的通知，单击"确定"按钮返回防黑加固页面，如图 1-223 所示。

（5）在防黑加固页面，可以看到加固后的详情，单击右上角的"×"按钮关闭防黑加固页面返回客户端界面，如图 1-224 所示。

图 1-222　防黑加固检测结果

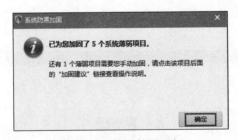

图 1-223　加固结果通知

图 1-224　防黑加固结果页

6. 终端安全管理系统客户端可对终端进行垃圾清理

（1）在客户端主页面单击"清理垃圾"图标进入"经典电脑清理"界面，如图 1-225 所示。

图 1-225　终端安全管理系统主页

（2）进入"经典版电脑清理"页面后，会自动对终端进行一次扫描，扫描后可以看到需要清理项的具体信息，单击"立即清理"按钮对扫描到的垃圾进行清理，如图 1-226 和图 1-227 所示。

图 1-226　垃圾清理页

图 1-227　垃圾清理进度

（3）垃圾文件清理完成后，显示清理结果，单击"返回"按钮返回"经典版电脑清理"页面，如图 1-228 所示。

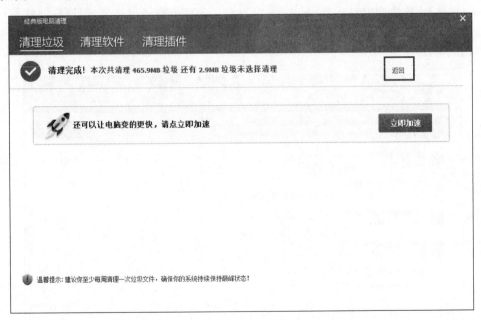

图 1-228　垃圾清理完成

（4）在"经典版电脑清理"主页面，显示具体扫描信息，单击右上角的"×"按钮关闭"经典版电脑清理"页面，如图 1-229 所示。

图 1-229　垃圾清理完成

（5）在终端安全管理系统中可正常下载客户端程序，客户端可以完成漏洞扫描、修复、电脑清理、防黑加固等相关功能，满足实验预期。

【实验思考】

（1）终端安全管理系统涉及安全加固的功能有哪些？

（2）终端安全管理系统客户端快速扫描的范围有哪些？对于检测到的安全威胁是否需要进行全盘扫描？

1.2.3　终端安全管理系统客户端离线部署实验

【实验目的】

掌握终端安全管理系统客户端离线部署。

【知识点】

离线包制作、客户端离线安装。

【场景描述】

A 公司由于某些业务的特殊性，建立了隔离网运行相关业务。在公司要求的安全管理要求下，公司的隔离网中的终端应与公司信息系统内其他终端一样部署终端安全管理系统客户端。因此，张经理要求安全运维工程师小王在公司的隔离网中部署终端安全管理系统客户端，并配置统一的管理策略。请帮助小王在公司的隔离网中部署终端安全管理系统客户端。

【实验原理】

当需要部署终端安全管理系统客户端的计算机无法连接终端安全管理系统控制中心服务器时,可以采用离线安装的方式对终端安全管理系统客户端进行安装。此时管理员需要先通过管理中心的离线包制作工具生成离线安装包,然后通过安全介质复制到需要安装客户端程序的终端中。

【实验设备】

主机设备:Windows Server 2008 R2 主机 1 台,Windows 7 主机 1 台。
网络设备:交换机 1 台。

【实验拓扑】

实验拓扑如图 1-230 所示。

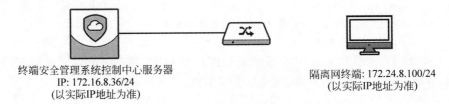

图 1-230　终端安全管理系统客户端离线部署实验拓扑

【实验思路】

(1) 通过终端安全管理系统控制中心配置终端策略。
(2) 在控制中心制作客户端离线安装包。
(3) 在隔离网设备上安装客户端。

【实验步骤】

1. 通过终端安全管理系统控制中心配置终端策略

(1) 进入实验对应拓扑中的终端安全管理系统控制中心服务器,如图 1-231 所示。

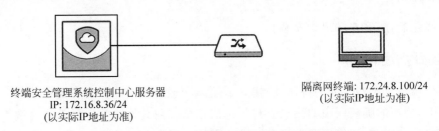

图 1-231　登录终端安全管理系统控制中心服务器

（2）使用浏览器访问终端安全管理系统，使用用户名"admin"，密码"!1fw@2soc#3vpn"登录控制中心。

（3）在终端安全管理系统控制中心左侧菜单单击"策略中心"→"终端策略"→"基本设置"，勾选其中的"启用终端'防退出'密码保护"复选框，并设置密码为123；勾选"启用终端'防卸载'密码保护"复选框，设置密码为456，单击右下角的"保存"按钮保存设置，如图1-232所示。

图1-232 终端策略

（4）策略提交成功，会弹出成功提示框，如图1-233所示。

图1-233 提交成功

2. 在控制中心制作客户端离线安装包

（1）单击控制中心主页中的"终端部署"，在弹出的终端部署对话框中，单击"更多"，再单击"离线包制作工具"。

（2）在弹出的"生成离线包制作工具"对话框中，勾选"Windows 客户端"复选框，其他保持默认，然后单击"保存策略"按钮，如图 1-234 所示。

图 1-234　设置离线包参数

（3）策略保存成功后会弹出成功提示，如图 1-235 所示。

图 1-235　策略保存

（4）在"生成离线包制作工具"对话框中单击"下载工具"按钮，如图 1-236 所示。

（5）在弹出的"新建下载任务"界面中，保存离线包工具至桌面，单击"下载"按钮，如图 1-237 所示。

（6）双击桌面上的离线包制作工具运行程序，如图 1-238 所示。

（7）在弹出的安全警告对话框中单击"运行"按钮，如图 1-239 所示。

（8）离线包生成进度条需等待 1 分钟左右。离线包制作完成后，单击"打开文件夹"按钮，如图 1-240 所示。

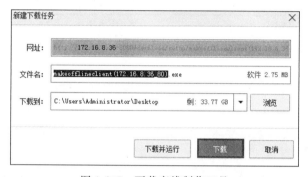

图 1-236　下载工具

图 1-237　下载离线制作工具

图 1-238　制作工具

图 1-239　运行工具

图 1-240　制作完成

（9）在弹出的 MakeOfflineClient 文件管理器中单击 setup 文件夹，如图 1-241 所示。

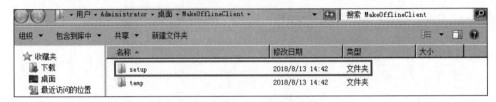

图 1-241　生成离线包文件夹

（10）在 setup 文件夹中的文件是终端安全管理系统离线安装包。使用安全 U 盘、光盘等介质复制此安装包文件至隔离网终端中，如图 1-242 所示。

图 1-242　终端安全管理系统离线客户端安装包

【实验预期】

（1）隔离网终端能够安装客户端程序。

（2）安全策略在隔离网终端中生效。

【实验结果】

1. 隔离网终端安装客户端

（1）进入实验对应拓扑中的隔离网终端，如图 1-243 所示。

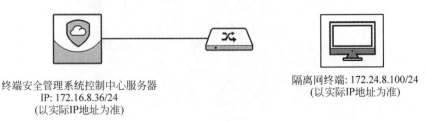

终端安全管理系统控制中心服务器
IP: 172.16.8.36/24
（以实际IP地址为准）

隔离网终端: 172.24.8.100/24
（以实际IP地址为准）

图 1-243　进入隔离网终端

（2）终端安全管理系统离线安装包已提前保存到隔离网终端桌面上的"实验工具"文件夹中，进入该文件夹中，双击客户端安装程序，开始客户端安装，如图 1-244 所示。

图 1-244　离线安装工具包

（3）按照默认设置安装终端安全管理系统客户端。

2. 安全策略在隔离网生效

（1）双击桌面上终端安全管理系统客户端图标，运行终端安全管理系统客户端。单击终端安全管理系统客户端首页右上角的 ▼ 按钮，在弹出的菜单中单击"退出"命令，如图 1-245 所示。

（2）此时会弹出"客户端安全退出"对话框，需要输入密码才可退出终端安全管理系统客户端，表明客户端已有退出安全保护机制，单击"取消"按钮，如图 1-246 所示。

图 1-245　退出客户端程序

图 1-246　安全退出

（3）进入终端的控制面板中，单击"卸载程序"，在程序和功能窗口中，选中"终端安全管理系统"，单击鼠标右键，在弹出的菜单中单击"卸载/更改"命令，如图 1-247 所示。

图 1-247　程序和功能

（4）在弹出的"客户端安全卸载"对话框中，需要密码才可卸载，如图 1-248 所示。

（5）终端安全管理系统配置终端安全策略并生成离线工具包后，在隔离网终端中可正常安装,并按照设置的终端安全策略,在退出和卸载时均有密码保护,实现了相关的安全策略,满足实验预期。

图 1-248　安全卸载

【实验思考】

(1) 隔离网中的终端安全策略应如何更新?

(2) 在隔离网终端发生的安全事件应如何上报至终端安全管理系统管理中心?

第2章

安 全 策 略

本章主要介绍终端安全管理系统在组织管理、安全策略、单点维护等方面的配置和使用方法。通过抽象于实际工作场景的拓扑映射不同的应用场景,面对不同的场景、需求,利用终端安全管理系统不同的功能和安全策略的组合,提供不同的应用场景解决方案。

初学者通过学习和掌握本章基本的功能使用方法、安全策略配置思路,了解终端安全管理系统的使用方法和解决问题的思路。在实际工作场景中,通过灵活地组合相关功能解决应用场景和安全需求。

2.1 组织管理

2.1.1 终端安全管理系统终端分组管理实验

【实验目的】

掌握终端安全管理系统管理中心对所管理的终端进行分组、查找和筛选的方法。

【知识点】

手动分组、自动分组、组管理员。

【场景描述】

A 公司启用终端安全管理系统后,由于不同部门的安全要求不同,因此要求各部门分组进行管理,张经理要求安全运维工程师小王将公司信息系统中的终端按照部门进行分组,同时新接入的终端可以自动进入所在部门的组里;在公司统一的安全策略管理下,分别在各部门中设置相应的管理员管理各自团队的安全管理工作。请帮助小王通过对终端安全管理系统中用户进行分组,满足组织机构对终端安全管理的需求。

【实验原理】

终端安全管理系统管理中心默认对终端不做分组,当终端数量比较多的时候,会对管理员的管理工作造成一定的负担。终端安全管理系统管理中心通过终端分组的功能完成对终端的管理,目前分为两种方式:手动分组和自动分组。

手动分组：管理员可根据自己的需求，手动创建分组，将需要管理的终端选入分组中。

自动分组：管理员可根据终端的 IP，将终端自动选入某一个组中。

终端安全管理系统管理中心为了降低管理员的工作，还提供组管理员的功能。管理员可以为不同的分组设定组管理员，这些组管理员只能管理自己所在组的终端，从而降低管理员的工作量。

【实验设备】

主机设备：Windows Server 2008 R2 主机 1 台，Windows XP 主机 4 台。

网络设备：交换机 1 台。

【实验拓扑】

实验拓扑如图 2-1 所示。

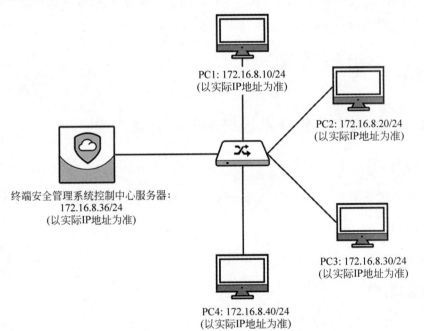

图 2-1　终端安全管理系统终端分组管理实验拓扑

【实验思路】

（1）创建手动分组。

（2）手动添加终端至分组。

（3）创建自动分组，并添加 IP 范围内的终端。

（4）创建管理员、查看组管理员权限。

【实验步骤】

1. 创建手动分组并添加终端至分组

（1）进入实验所对应拓扑中的终端安全管理系统控制中心服务器，如图 2-2 所示。

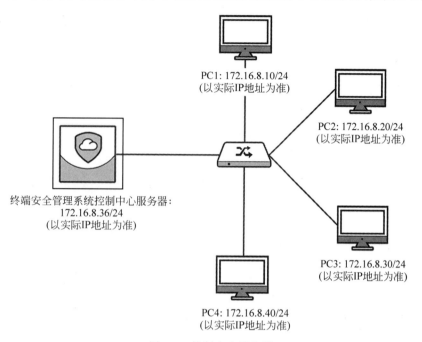

图 2-2　控制中心服务器

（2）使用浏览器访问终端安全管理系统，使用用户名为"admin"，密码为"!1fw@2soc
♯3vpn"登录控制中心。进入首页后可以看到已经部署终端安全管理系统的终端数量为
两台，而在拓扑中的其他两台终端没有安装终端安全管理系统。单击左侧的"终端管
理"→"终端概况"选项进入终端概况查看页面，如图 2-3 所示。

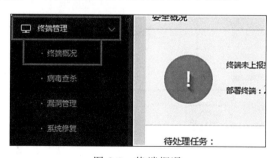

图 2-3　终端概况

（3）在"终端概况"页面可以看到两台终端的信息，如图 2-4 所示。

（4）单击上方的"全网计算机"→"新建分组"选项，添加新的分组，如图 2-5 所示。

（5）在"新建分组"界面中，"上级分组名"选择"全网计算机"选项，"新建分组名"输入

"Develop"，单击"确定"按钮，添加名为 Develop 的分组，如图 2-6 所示。

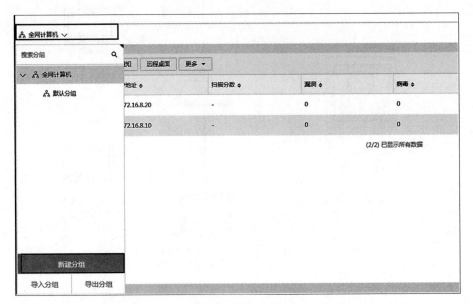

图 2-4　终端信息

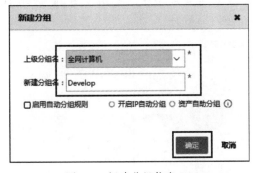

图 2-5　添加分组

（6）重复上述操作，再添加一个分组 Product，如图 2-7 所示。

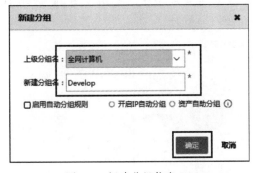

图 2-6　新建分组信息(1)

图 2-7　添加 Product 分组

（7）在"终端概况"页面中，勾选"any-one"复选框，单击上方的"更多"→"转移分组"选项，进行分组转移，如图 2-8 所示。

（8）在弹出的"转移分组"界面中，选择 Develop 分组，单击"确定"按钮，如图 2-9所示。

图 2-8　转移分组

（9）在"终端概况"页面中，勾选"any-two"复选框，将
其转移至分组 Product，对已安装客户端的终端完成手动
分组。

2. 创建自动分组并添加 IP 范围内的终端

（1）当客户的终端数量过多时可以使用自动分组。单
击"全网计算机"→"新建分组"选项，在打开的"新建分组"
对话框中，"上级分组名"选择"全网计算机"，"新建分组名"
输入"Leader"，勾选"启用自动分组规则"复选框，IP 地址段

图 2-9　转移分组信息

输入"172.16.8.29 和 172.16.8.35"，单击"添加"按钮添加此规则，如图 2-10 所示。

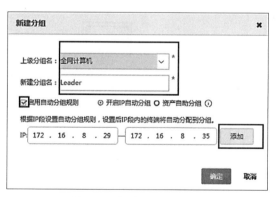

图 2-10　新建分组信息（2）

（2）添加完成后，在页面中会显示添加的自动分组规则，单击"确定"按钮，如图 2-11
所示。

（3）重复上述过程，再添加一个新的分组 Service，IP 地址段为 172.16.8.39-172.16.8.45，
如图 2-12 所示。

（4）进入实验所对应拓扑中的 PC3 终端，如图 2-13 所示。

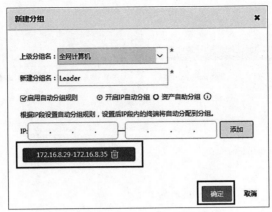

图 2-11 显示分组信息

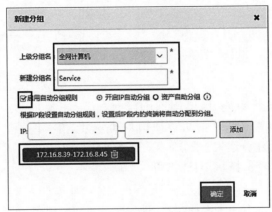

图 2-12 添加分组 Service

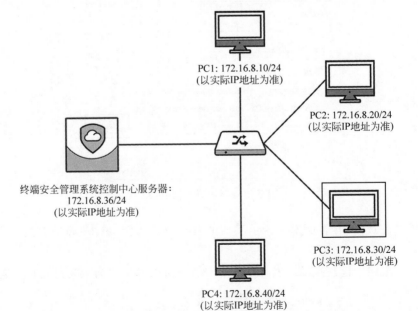

图 2-13 登录 PC3 终端

（5）查看当前终端 IP 地址为 172.16.8.30,如图 2-14 所示。

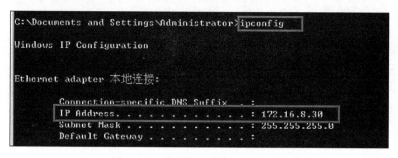

图 2-14　查看当前终端 IP 地址(1)

（6）运行浏览器,在地址栏中输入终端安全管理系统控制中心 IP 地址 172.16.8.36,进入终端安全管理系统部署页面,下载适用于 Windows XP 系统的终端安全管理系统客户端,保存客户端安装文件,按照默认设置安装客户端。

（7）进入实验所对应拓扑中的 PC4 终端,如图 2-15 所示。

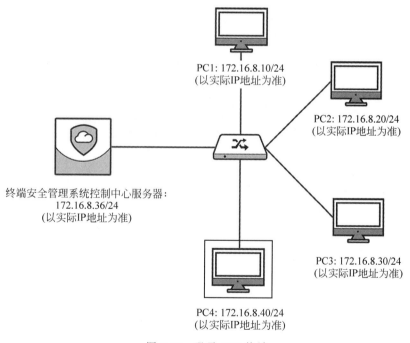

图 2-15　登录 PC4 终端

（8）查看当前的终端 IP 为 172.16.8.40,如图 2-16 所示。

（9）运行浏览器,在地址栏中输入终端安全管理系统控制中心地址 172.16.8.36,进入终端安全管理系统客户端部署页面,下载适用于 Windows XP 系统的终端安全管理系统客户端,保存客户端安装文件,按照默认设置安装客户端。

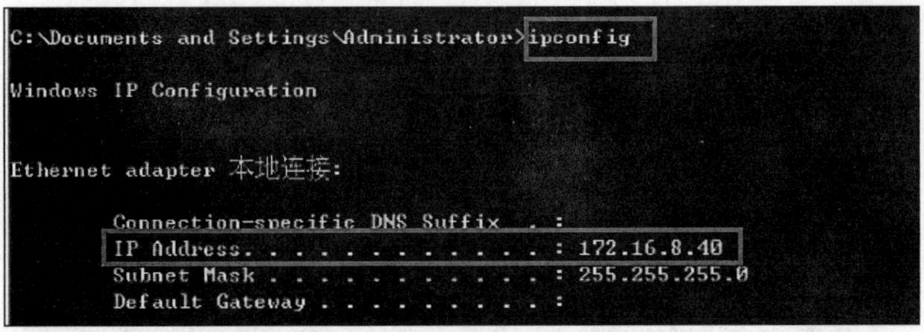

图 2-16　查看当前终端 IP 地址（2）

【实验预期】

（1）any-one 终端被分至 Develop 分组，any-two 终端被分至 Product 分组，any-three（172.16.8.30）终端被自动分至 Leader 分组，any-four（172.16.8.40）终端被自动分至 Service 分组。

（2）使用筛选功能能够查找终端。

【实验结果】

（1）进入实验拓扑中的终端安全管理系统控制中心，刷新终端概况页面，可以看到 4 台终端，选择"更多"→"自定义列"选项，如图 2-17 所示。

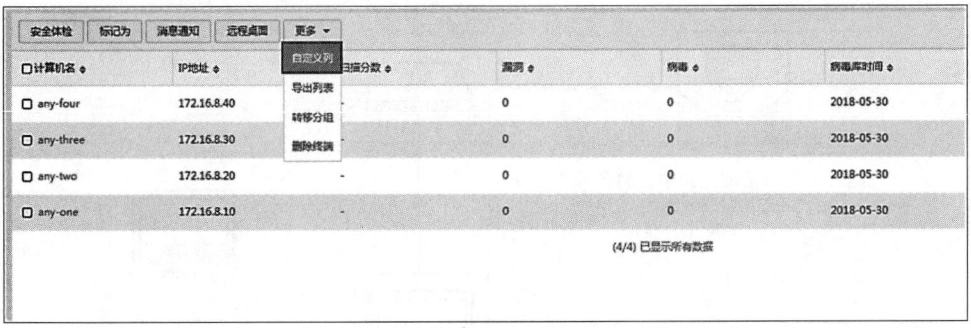

图 2-17　打开自定义列

（2）在弹出的界面中单击"所在分组"右侧的"＋"号，将该分类添加到显示内容中，如图 2-18 所示。

（3）单击"确定"按钮后返回"终端概况"界面，可以看到最右侧多了"所在分组"一列，如图 2-19 所示。

（4）因为终端 any-three 的 IP 地址为 172.16.8.30，所以被自动分至 Leader 分组，终端 any-four 的 IP 地址为 172.16.8.40，所以被自动分至 Service 分组，如图 2-20 所示。

（5）在上方的搜索框中可以进行模糊搜索，例如，输入字母"t"，所有计算机名中包含字母"t"的终端都会显示出来，不包含字母"t"的会被过滤掉，如图 2-21 所示。

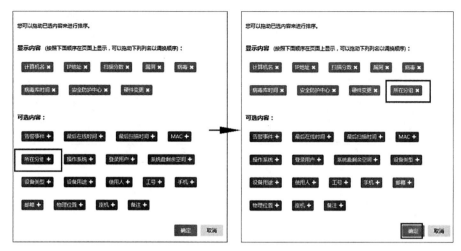

图 2-18　添加显示列

图 2-19　显示"所在分组"列

图 2-20　显示分组后的终端信息

图 2-21　搜索结果(1)

（6）当在搜索框中输入 IP 地址时,进行模糊匹配,会搜索出相似的结果,如图 2-22 所示。

图 2-22　搜索结果(2)

（7）当用户需要根据其他条件进行搜索时,可以单击"筛选"图标,在列表中选择不同的条件类型来筛选终端,如图 2-23 所示。

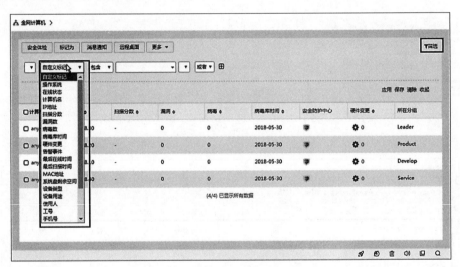

图 2-23　筛选终端

（8）根据不同的筛选条件,可以采用复合查询条件进行筛选,在输入框中输入想要的条件,再单击"应用"图标即可,筛选后结果如图 2-24 所示。

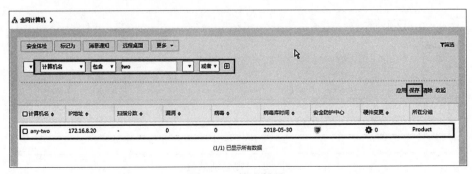

图 2-24　筛选结果

（9）在终端安全管理系统中，可以对部署客户端的终端进行手动分组，也可以根据条件自动分组。在管理的终端设备中，可以通过筛选条件对所管理的终端进行模糊搜索，查找复合条件的终端设备，满足实验预期。

【实验思考】

（1）试想一下实际工作中对管理的终端进行分组时，启用自动分组规则的情况多还是不启用的情况多？

（2）对于自动分组规则中的两种类型，它们各自的优点、缺点是什么？

2.1.2　终端安全管理系统资产管理实验

【实验目的】

掌握终端安全管理系统资产管理、资产登记方法。

【知识点】

资产登记、资产自助登记、资产信息、自助分组、资产报表。

【场景描述】

A 公司部署终端安全系统后，为了获取信息系统中已安装终端安全管理系统客户端的资产信息，方便对公司的信息资产进行统计，要求所有内网终端用户进行终端资产登记。安全运维工程师小王需要对终端资产登记信息进行定制，通过终端安全管理系统控制中心向内网终端下发资产登记策略，用户根据表格内容完善资产的个人信息；并可以对已使用的终端资产信息进行管理，查看资产报表。请帮助小王配置资产管理相关内容。

【实验原理】

终端安全管理系统通过读取操作系统注册表中的设备信息值，可以收集资产的相关设备编号、生产日期、硬件配置等信息，提高了资产信息获取效率。同时，为了降低管理员的重复性工作的工作量，通过在终端安全管理系统定制需要收集的资产信息来下发资产登记的策略，在客户端弹窗的方式让用户通过自助方式完成资产信息登记的工作。

【实验设备】

主机设备：Windows Server 2008 R2 主机 1 台，Windows 7 主机 1 台，Windows XP主机 1 台。

网络设备：交换机 2 台，路由器 1 台。

【实验拓扑】

实验拓扑如图 2-25 所示。

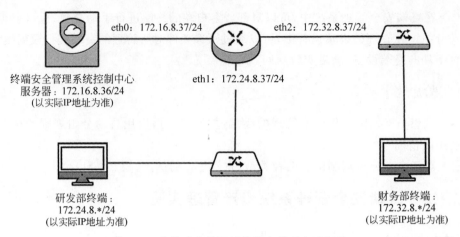

图 2-25　终端安全管理系统资产管理实验拓扑

【实验思路】

（1）配置资产分组。

（2）配置资产登记策略。

（3）进行资产登记。

（4）查看资产报表。

【实验步骤】

1. 配置资产分组

（1）进入实验所对应的拓扑，登录终端安全管理系统管理服务器，如图 2-26 所示。

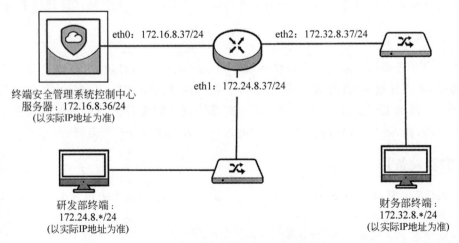

图 2-26　登录终端安全管理系统管理服务器

（2）使用浏览器访问终端安全管理系统，使用用户名"admin"，密码"！1fw@2soc♯3vpn"登录控制中心。单击"终端概况"→"全网计算机"→"新建分组"，"上级分组名"选择"全网计算机","新建分组名"填写"研发部"。勾选"启用自动分组规则"复选框,"IP段"填写"172.24.8.1-172.24.8.200",然后单击"添加"按钮,完成"研发组"的创建。

（3）采用相同的步骤,继续在"全网计算机"中创建"财务部"分组,勾选"启用自动分组"复选框,再勾选"资产自助分组"复选框,完成"财务组"的创建。

（4）将鼠标指针悬浮在"默认分组"上,然后单击"默认分组"后的图标,如图 2-27所示。

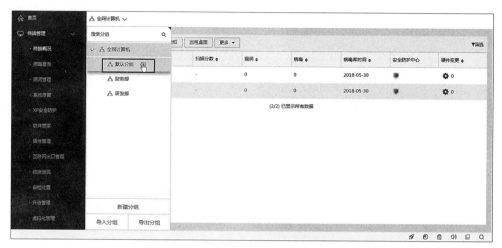

图 2-27 默认分组

（5）在弹出的"自动分组设置"页面中,勾选"资产自助分组"复选框,然后单击"确定"按钮,完成自动分组设置,如图 2-28 所示。

图 2-28 自动分组设置

2. 配置资产登记策略

（1）单击"系统管理"→"系统设置"→"资产登记"选项,如图 2-29 所示。

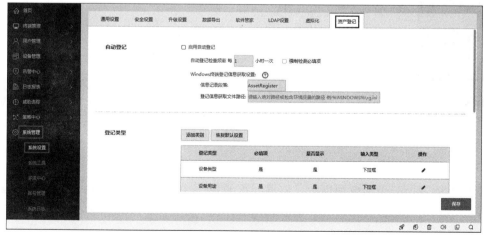

图 2-29 "资产登记"选项卡

（2）在"资产登记"界面，勾选"启用自助登记"复选框，自动登记检查频率输入"1"，表明每小时检查一次。再勾选"强制检测必填项"复选框，然后单击"保存"按钮保存资产登记配置，如图 2-30 所示。

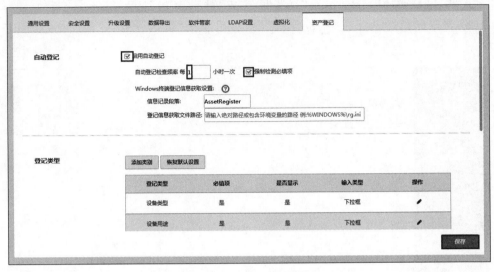

图 2-30　资产登记设置

（3）单击"策略中心"→"终端策略"选项，单击上方的"全网计算机"图标，再单击"研发部"图标，设置研发部的安全策略，如图 2-31 所示。

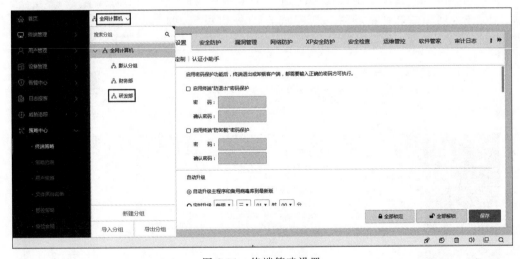

图 2-31　终端策略设置

（4）在"基本配置"选项卡中，单击"基本设置"，单击"资产登记"后的图标，图标状态由灰色变为浅绿色，表明取消继承。取消继承关系后，可以勾选资产登记项右侧的"强制弹出登记界面""不允许用户二次修改"复选框，然后单击"保存"按钮，保存相关配置信息，如图 2-32 所示。

图 2-32　取消安全策略继承

【实验预期】

（1）财务部终端进行资产登记。

（2）研发部终端进行资产登记，登记后无法修改信息。

（3）终端安全管理系统控制中心查看资产日志。

【实验结果】

1. 在财务部终端进行资产登记

（1）进入实验所对应的拓扑，登录财务部终端，如图 2-33 所示。

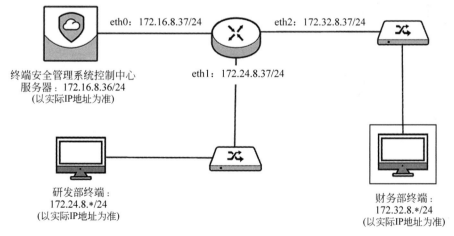

图 2-33　登录财务部终端

（2）在桌面右下角右键单击终端安全管理系统客户端图标，在弹出的菜单中单击"资产自助登记"命令，如图 2-34 所示。

图 2-34　客户端资产自助登记

（3）在弹出的"资产自助登记"界面，单击"默认分组"后的图标，如图 2-35 所示。

图 2-35　资产自助登记

（4）在弹出的界面中单击"财务部"选项，然后单击"确定选择"按钮，选择终端所在的部门，如图 2-36 所示。

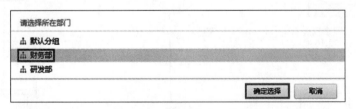

图 2-36　选择终端所在部门

（5）"设备类型"选择"台式机"，"设备用途"选择"日常办公"，"使用人"填写"财务"，"工号"填写"A00010"，"手机"填写"12345678910"，"邮箱"填写"caiwu@qax.net"，"物理位置"填写"5-100"，"座机"填写"010-123456"，"备注"填写"财务部设备"，然后单击"确定"按钮，如图 2-37 所示。

（6）在弹出的页面中单击"是"按钮，关闭对话框，如图 2-38 所示。

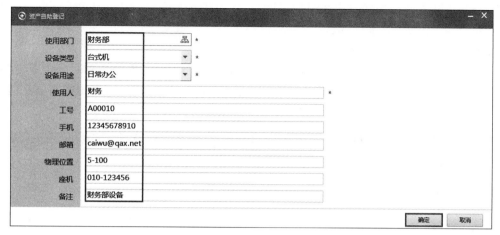

图 2-37　资产自助登记

图 2-38　登记成功提示框

2. 在研发部终端进行资产登记，登记后无法修改信息

（1）进入实验所对应的拓扑，登录研发部终端，如图 2-39 所示。

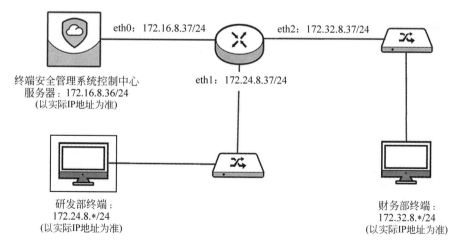

图 2-39　登录研发部终端

（2）在桌面右下角右击终端安全管理系统客户端图标，在弹出的页面中单击"资产自助登记"选项。"设备类型"选择"笔记本"，"设备用途"选择"日常办公"，"使用人"填写"研

发"，"工号"填写"A00011"，"手机"填写"1234567891"，"邮箱"填写"yanfa@qax.net"，"物理位置"填写"5-200"，"座机"填写"010-456123"，"备注"填写"研发部设备"，然后单击"确定"按钮，完成研发部该终端的登记。

（3）重新在桌面右下角右击终端安全管理系统客户端图标，在弹出的页面中单击"资产自助登记"选项。在资产自助登记界面中，"确定"按钮已变为灰色，表明修改信息是无法提交的，如图2-40所示。

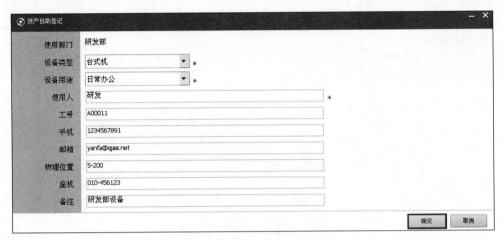

图 2-40　资产自助登录信息

3. 通过终端安全管理系统控制中心查看资产日志

（1）登录实验所对应的拓扑，登录终端安全管理系统控制中心服务器，如图 2-41 所示。

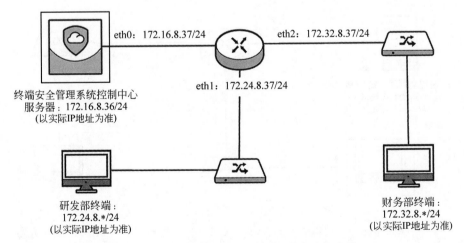

图 2-41　登录终端安全管理系统控制中心服务器

（2）单击"日志报表"→"资产汇总"选项，如图 2-42 所示。

（3）单击页面中的"使用人汇总"，如图 2-43 所示。

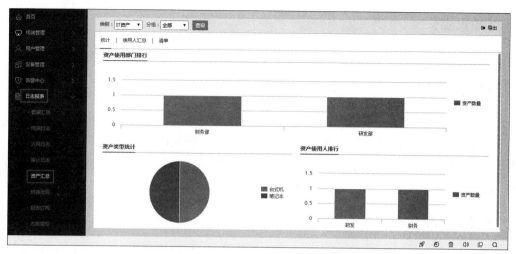

图 2-42　资产汇总信息

图 2-43　使用人汇总统计信息

（4）终端安全管理系统可以对信息系统中的终端资产进行管理，完成资产信息的查看。通过配置资产登记信息，终端用户可完成资产自助登记，并可在终端安全管理系统中查看登记的资产信息，满足实验预期。

【实验思考】

（1）公司资产信息资料需要留存备查，请问如何导出资产汇总报表进行备份？

（2）如何在终端安全管理系统控制中心对资产信息进行修改？

2.2　策略管理

2.2.1　终端安全管理系统终端策略基本设置实验

【实验目的】

掌握终端安全管理系统控制中心终端策略的基本配置方法。

【知识点】

终端策略。

【场景描述】

A 公司部署终端安全管理系统后,张经理要求安全运维工程师小王在终端安全管理系统控制中心配置终端策略,对内网终端进行统一安全管理,并要求公司的终端安装终端安全管理系统客户端之后,不允许员工私自退出、卸载客户端。请协助小王配置终端策略,实现相关安全需求。

【实验原理】

提高终端安全可以通过设置各类安全策略来实现,但用户往往出于使用便捷的角度,对这些安全策略和安全措施进行修改。但是,这样的修改会导致安全能力下降,增大终端的安全风险。通过终端安全管理系统控制中心下发的终端安全策略,如果用户随意修改,会降低信息系统的整体安全水平。因此,对终端安装的客户端程序需要进行保护,防止用户私自退出、卸载终端安全管理系统客户端,造成终端安全隐患。

【实验设备】

主机设备:Windows Server 2008 R2 主机 1 台,Windows 7 主机 1 台。
网络设备:交换机 1 台。

【实验拓扑】

实验拓扑如图 2-44 所示。

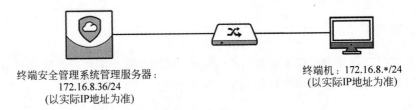

终端安全管理系统管理服务器:
172.16.8.36/24
(以实际IP地址为准)

终端机:172.16.8.*/24
(以实际IP地址为准)

图 2-44　终端安全管理系统终端策略基本设置实验拓扑

【实验思路】

(1)终端安装终端安全管理系统客户端。

(2)配置防卸载、防退出策略。

(3)验证防卸载、防退出效果。

【实验步骤】

1. 终端安装终端安全管理系统客户端

（1）进入实验所对应的拓扑，登录 Windows 7 终端，如图 2-45 所示。

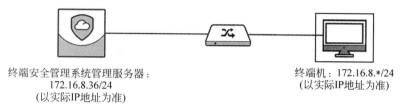

终端安全管理系统管理服务器：   终端机：172.16.8.*/24
172.16.8.36/24   （以实际IP地址为准）
（以实际IP地址为准）

图 2-45　登录 Windows 7 终端

（2）运行浏览器，在地址栏中输入网址"http://172.16.8.36"，下载适用于 Windows 7 的客户端程序，保存客户端安装文件，按照默认设置安装客户端。

2. 配置防卸载、防退出策略

（1）进入实验所对应的拓扑，登录终端安全管理系统控制中心服务器，如图 2-46 所示。

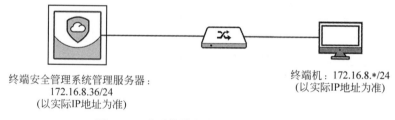

终端安全管理系统管理服务器：   终端机：172.16.8.*/24
172.16.8.36/24   （以实际IP地址为准）
（以实际IP地址为准）

图 2-46　登录终端安全管理系统服务器

（2）使用浏览器访问终端安全管理系统，使用用户名为"admin"，密码为"！1fw@2soc ♯3vpn"登录控制中心。在终端安全管理系统控制中心主页，单击左侧"策略中心"→"终端策略"→"基本设置"选项，如图 2-47 所示。

图 2-47　"基本设置"选项卡

（3）勾选"启用终端'防退出'密码保护"复选框，输入密码"123"并确认密码；再勾选"启用终端'防卸载'密码保护"复选框，输入密码"456"，然后单击"确定"按钮保存配置，如图 2-48 所示。

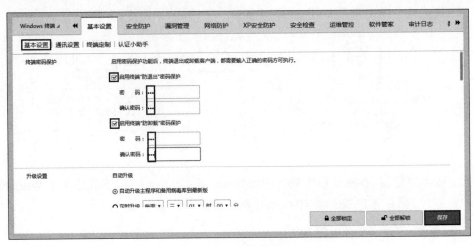

图 2-48　基本参数设置

（4）在终端安全管理系统控制中心页面，单击"通信设置"，然后在"终端与控制中心通信间隔"中选择"5 分钟"（通信间隔是指终端向控制中心上报体检得分、杀毒结果、软硬件信息等内容的间隔时长）；"终端与控制中心网络环境"选择"内网优先"，然后单击"保存"按钮（此步骤为优化网络配置，本实验仅做示例配置），如图 2-49 所示。

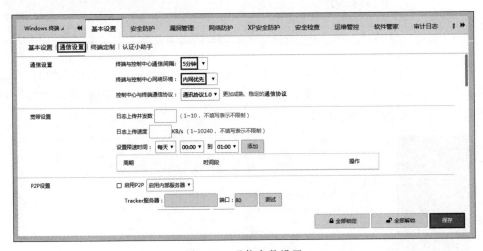

图 2-49　通信参数设置

【实验预期】

（1）Windows 7 终端在基本策略配置下发后无法退出、卸载终端安全管理系统客户端。

（2）Windows 7 终端在基本策略配置下发取消后可以正常退出、卸载终端安全管理系统客户端。

【实验结果】

1. Windows 7 终端在基本配置下发后无法退出、卸载终端安全管理系统客户端

（1）进入实验所对应的拓扑，登录 Windows 7 终端。运行终端安全管理系统客户端。由于之前设置终端与控制中心的通讯间隔为 5 分钟，因此需要等待大约 6 分钟，以便策略下发生效。

（2）在终端安全管理系统客户端主页右上角单击，在弹出的菜单中单击"退出"按钮，如图 2-50 所示。

图 2-50　尝试退出客户端

（3）弹出输入密码的对话框，由于防退出策略已下发并执行，因此需要输入防退出密码才可退出。因后续实验需要，暂时不需要退出客户端，单击"取消"按钮即可，如图 2-51 所示。

（4）在 Windows 控制面板中，在程序卸载页面，选择卸载终端安全管理系统，会弹出防卸载对话框，因后续实验还需使用客户端，因此不需要输入密码，单击"取消"按钮即可，如图 2-52 所示。

图 2-51　"客户端安全退出"对话框

图 2-52　"客户端安全卸载"对话框

2. Windows 7 终端在安全策略取消后可以正常退出、卸载终端安全管理系统客户端

(1) 进入实验对应拓扑,登录终端安全管理系统控制中心服务器,在终端安全管理系统控制中心主页单击"策略中心"→"终端策略"→"基本设置"→"基本设置"选项,在基本设置中取消勾选"启用终端'防退出'密码保护"与"启用终端'防卸载'密码保护"复选框,然后单击"保存"按钮保存相关配置。

(2) 为了方便查看实验效果,在"通信设置"处,将"终端与控制中心通信间隔"由"5分钟"修改为"10 秒钟"并保存设置。等待 20 秒左右,此等待过程为客户端与控制中心同步相关策略。

(3) 返回实验拓扑中的 Windows 7 终端,运行终端安全管理系统客户端,在终端安全管理系统客户端主页右上角单击按钮 ▼,在弹出的菜单中单击"退出"按钮。此时没有弹出安全退出确认对话框,而是直接退出了终端客户端,如图 2-53 所示。

(4) 在 Windows 控制面板中,在程序卸载页面,选择卸载终端安全管理系统。在弹出的终端安全管理系统确认卸载页面中,单击"是"按钮可以卸载终端安全管理系统客户端,如图 2-54 所示。

图 2-53　终端安全管理系统已退出

图 2-54　卸载终端安全管理系统确认对话框

(5) 通过终端安全管理程序基本设置,可对终端安装的客户端程序进行防退出和防卸载的保护,同时对于终端安全管理程序控制中心与客户端的通信设置,用于配置和优化大型信息系统中大量终端客户端与控制中心的通信效率与网络效能之间平衡的问题。终端安全管理系统可以设置防退出、防卸载功能,并按照规定参数同步策略,满足实验预期。

【实验思考】

(1) 请思考终端安全管理系统控制中心与客户端之间通信设置参数对信息系统的影响。

(2) 终端资产自助登记,是否可以采用域账号进行管控?

2.2.2　终端安全管理系统终端账号密码安全防护

【实验目的】

掌握终端安全管理系统控制中心的终端账号密码安全配置。

【知识点】

账号安全配置,密码安全配置。

【场景描述】

A 公司的安全运维工程师小王在日常巡检时,发现公司的终端中出现穷举密码攻击的现象。为完善安全管理,张经理要求小王尽快对公司的终端施行统一的密码安全策略,请帮助小王配置终端安全管理系统,实现终端账号密码的安全防护。

【实验原理】

暴力破解,即通过枚举法逐个尝试可能的密码,直至密码尝试成功登录用户的终端。操作系统本身包含相关的安全策略,终端安全管理系统通过对操作系统相关安全策略的设置,实现账户密码安全设置的功能。由于信息系统中终端数量可能非常庞大,通过终端安全管理系统以统一安全策略形式下发给内网终端,可以快速、便捷地实现统一的安全管理要求,提高信息系统终端抵御暴力破解的防护能力。

【实验设备】

主机设备:Windows Server 2008 R2 主机 1 台,Windows 7 主机 1 台。
网络设备:交换机 1 台。

【实验拓扑】

实验拓扑如图 2-55 所示。

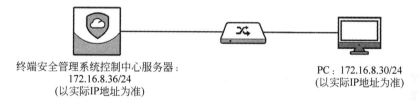

终端安全管理系统控制中心服务器:
172.16.8.36/24
(以实际IP地址为准)

PC:172.16.8.30/24
(以实际IP地址为准)

图 2-55　终端账号密码安全防护实验拓扑

【实验思路】

(1)查看终端账户和密码策略。
(2)配置控制中心密码策略。
(3)配置控制中心账户策略。

【实验步骤】

(1)进入实验对应拓扑,登录右侧终端 PC,如图 2-56 所示。
(2)选择账户 win7-pc2,输入密码"123456"登录。在"开始"菜单的搜索栏中输入"gpedit.msc",打开本地策略编辑编辑器控制面板,如图 2-57 所示。
(3)在"本地组策略编辑器"界面中,单击"计算机配置"→"Windows 设置"→"安全设置"→"账户设置"→"密码策略"选项,可以看到密码策略的相关设置,密码复杂性要求已

禁用,密码最小长度值已禁用,密码最长使用期限为 42 天,强制密码历史为 0 个,如图 2-58
所示。

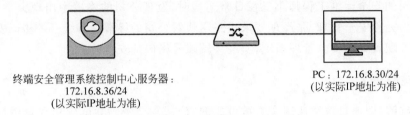

终端安全管理系统控制中心服务器:
172.16.8.36/24
(以实际IP地址为准)

PC:172.16.8.30/24
(以实际IP地址为准)

图 2-56　登录 PC 终端

图 2-57　运行本地策略编辑编辑器

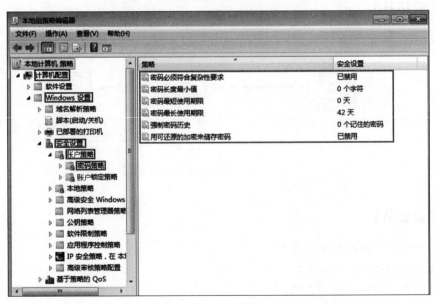

图 2-58　密码策略

（4）单击"密码策略"下方的"账户锁定策略",可以看到"账户锁定时间"参数为"不适
用","账户锁定阈值"参数为"0 次无效登录","重置账户锁定计数器"参数为"不适用",如
图 2-59 所示。

（5）进入实验所对应的拓扑,登录终端安全管理系统服务器,如图 2-60 所示。

（6）使用浏览器访问终端安全管理系统,使用用户名为"admin",密码为"!1fw@2soc

♯3vpn"登录控制中心。单击左侧"策略中心"→"管控策略"→"管控模板"选项,进入管控模板管理页面,如图 2-61 所示。

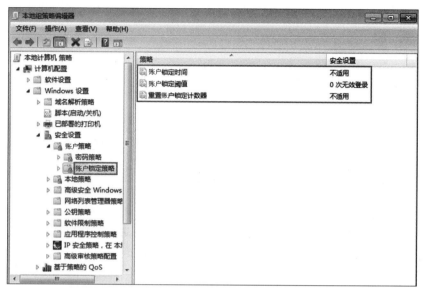

图 2-59　账户锁定策略

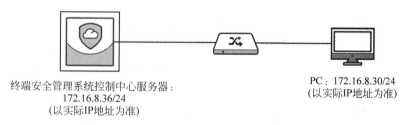

终端安全管理系统控制中心服务器:
172.16.8.36/24
(以实际IP地址为准)

PC:172.16.8.30/24
(以实际IP地址为准)

图 2-60　登录终端安全管理系统控制中心服务器

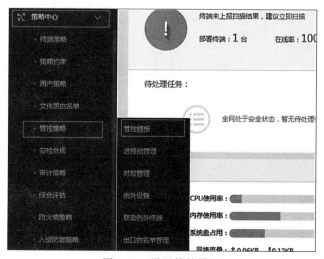

图 2-61　设置管控模板

（7）单击"新建模板"，创建新的管控模板，如图 2-62 所示。

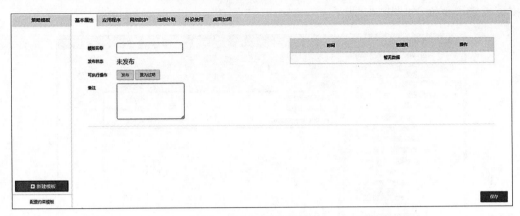

图 2-62　新建管控模板

（8）在"新建策略模板"界面中，"名称"输入"账户密码防护策略"，"基于模板"选项保持默认设置，单击"新建"按钮创建新的模板，如图 2-63 所示。

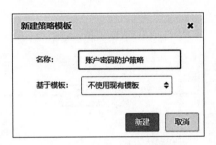

图 2-63　新建策略模板

（9）模板创建成功后单击并切换至"桌面加固"选项卡，如图 2-64 所示。

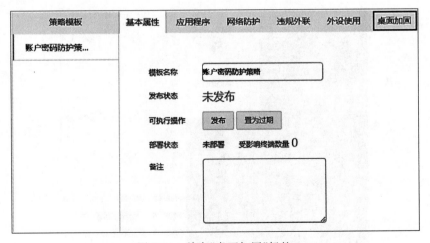

图 2-64　单击"桌面加固"标签

（10）单击"启用策略"选项启用桌面加固策略以便进行编辑。在"密码安全"选项中，"密码最小长度"输入"8"，即要求密码最少 8 位；"密码最长使用期限"输入"7"，要求用户密码最长使用 7 天后就必须更改密码；"强制密码历史"输入"2"，要求用户更改密码时不得和最近使用的两个密码相同，如图 2-65 所示。

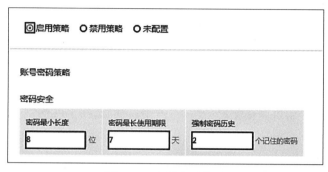

图 2-65　账号密码策略

（11）单击界面下方的"密码复杂性要求"和"弱口令检查"中的红色禁止符号，开启该功能选项，如图 2-66 和图 2-67 所示。

图 2-66　开启功能选项前

图 2-67　开启功能选项后

（12）勾选"检查当前登录账号密码，当密码不符合要求时，强制终端修改密码"复选框，然后输入提示消息"您的密码不安全，请立即修改密码。"，如图 2-68 所示。

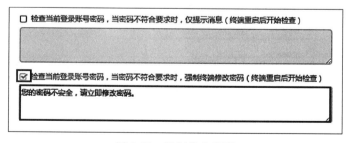

图 2-68　强制修改密码

（13）"账号安全"功能栏中，"账号锁定阈值"设置为"3"，即用户在连续输错 3 次密码时账户将被锁定，不能进行登录操作；"账号锁定时间"设置为"3"，即用户账户被锁定后

3 分钟内不能登录,其他保持默认即可,如图 2-69 所示。

图 2-69　设置账户锁定时间

（14）单击"保存"按钮保存配置。单击"基本属性"选项卡内的"发布"按钮,如图 2-70
所示。

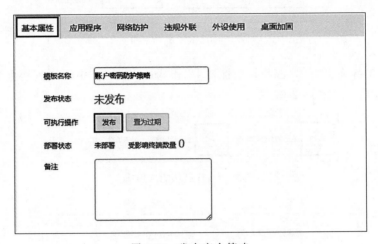

图 2-70　发布安全策略

（15）发布完成后可以看到状态为"已发布",如图 2-71 所示。

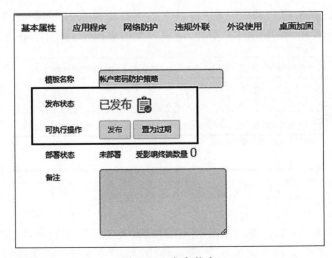

图 2-71　发布状态

（16）单击"策略中心"→"规则管理"选项,进入策略应用规则添加页面,单击左上角的"添加规则"按钮添加新的规则,如图 2-72 所示。

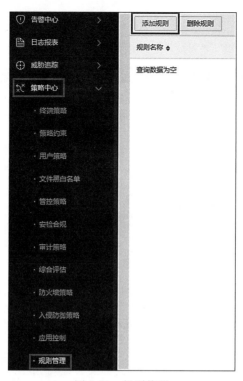

图 2-72　规则管理

（17）"规则名称"输入"账户密码防护规则",条件设置为"操作系统＝＝Windows 7 32 位",其他保持不变,单击"确认"按钮保存设置,如图 2-73 所示。

图 2-73　添加规则

（18）添加完成后可以看到新添加的规则信息,如图 2-74 所示。

图 2-74　新添加的规则信息

（19）单击左侧导航栏的"策略中心"→"终端策略"，进入终端策略设置页面，单击"运维管控"选项卡，切换至运维管控设置页面。单击"新增策略"超链接添加新的策略，如图 2-75 所示。

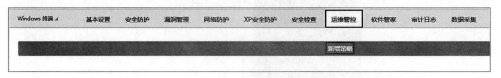

图 2-75　添加新策略

（20）在"新增策略"页面中，"策略应用规则"选择"账户密码防护规则"，"生效时间"选择"所有时间"，"终端生效条件"勾选"在线"和"离线"两个复选框，"应用模板"选择"账户密码防护策略"，单击"确认"按钮保存设置，如图 2-76 所示。

图 2-76　"新增策略"对话框

（21）策略添加完成后可以看到新增的策略信息，单击右下角的"保存"按钮保存新增的策略，如图 2-77 所示。

图 2-77　新增策略信息

【实验预期】

（1）终端本地安全策略的密码策略被修改。

（2）终端本地安全策略的账户策略被修改。

（3）用户登录三次失败后账户被锁定。

（4）过了账户锁定时间后用户输入正确密码可以正常登录。

【实验结果】

（1）进入实验所对应的拓扑，登录 PC 终端，如图 2-78 所示。

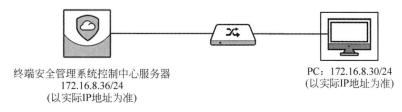

终端安全管理系统控制中心服务器
172.16.8.36/24
（以实际IP地址为准）

PC：172.16.8.30/24
（以实际IP地址为准）

图 2-78　登录 PC 终端

（2）单击 win7-pc2 账户，使用此账户登录，口令为 123456。进入本地策略编辑器，单击"计算机配置"→"Windows 设置"→"安全设置"→"账户策略"→"密码策略"选项查看密码策略设置。在策略列表中可见，"密码必须符合复杂性要求"为"已启用"，"密码长度最小值"为"8 个字符"，"密码最长使用期限"为"7 天"，"强制密码历史"为"2 个记住的密码"，如图 2-79 所示。

图 2-79　密码策略列表

（3）单击"密码策略"下方的"账户锁定策略"，可见"账户锁定时间"为"3 分钟"，"账户锁定阈值"为"3 次无效登录"，"重置账户锁定计时器"为"2 分钟之后"，如图 2-80 所示。

（4）由于登录该虚拟机时使用的口令为 123456，该口令属于弱口令，因此在桌面右下角会出现"请修改密码"的提示框，单击"修改密码"按钮后，可以修改密码，如图 2-81 所示。

（5）输入当前使用的密码 123456，"设置新密码"均输入"!1fw@2soc♯3vpn"，单击"修改完成"按钮完成修改，如图 2-82 所示。

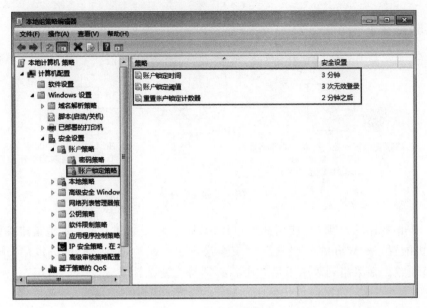

图 2-80　账户安全策略

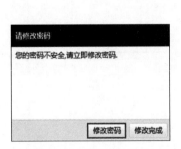

图 2-81　修改密码提示

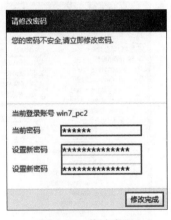

图 2-82　修改密码

（6）单击"开始"菜单，再单击"关机"按钮旁边的三角按钮，在弹出的菜单中单击"注销"按钮注销当前登录用户。回到 Windows 登录界面后，使用 win7-pc2 账户登录，输入密码时输入随机的错误密码，输错三次之后账户就会被锁定，进行第四次登录时无论密码对错都会出现账户被锁定的提示，如图 2-83 所示。

（7）等待三分钟后，输入正确密码"!1fw@2soc♯3vpn"按 Enter 键进行登录，可以成功登录。

图 2-83　账户被锁定

（8）通过在终端安全管理系统中的终端安全账号密码策略，并下发到终端客户端中，终端的安全策略得以统一和执行，实现安全策略统一规划和管理，满足实验预期。

【实验思考】

（1）如何设置实现禁止使用 Guest 账户？

（2）对于某些终端需要定制化安全策略，应如何设置？

2.2.3　终端安全管理系统控制中心安全防护实验

【实验目的】

掌握安全防护策略的配置方法。

【知识点】

终端策略，安全防护。

【场景描述】

A 公司部署终端安全管理系统后，安全运维工程师小王需要对终端安全管理系统的安全防护策略进行配置，实现内网用户终端的立体安全防护。请帮助小王完成终端策略的安全防护配置。

【实验原理】

终端安全管理系统安全防护功能，通过在终端机器上安装一个安全代理软件，有效对终端进行安全加固，提高防护能力，抵御来自外来网络的黑客攻击。管理员可以通过控制中心对终端进行统一的病毒查杀行为管理，制定定时查杀任务，再辅以主动防御引擎，确保内网安全。

安全防护功能包含病毒扫描、文件实时防护、主动防御、系统修复等功能，主要由以下功能模块组成。

【实验设备】

主机设备：Windows Server 2008 R2 主机 1 台，Windows 7 主机 1 台。

网络设备：交换机 1 台。

【实验拓扑】

实验拓扑如图 2-84 所示。

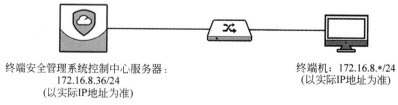

终端安全管理系统控制中心服务器：
172.16.8.36/24
（以实际IP地址为准）

终端机：172.16.8.*/24
（以实际IP地址为准）

图 2-84　终端安全管理系统控制中心安全防护实验拓扑

【实验思路】

（1）终端安装终端安全管理系统客户端。

（2）配置终端浏览器主页。

（3）配置终端开机助手。

【实验步骤】

1. 终端安装终端安全管理系统客户端

（1）进入实验所对应的拓扑，登录右侧终端机，如图 2-85 所示。

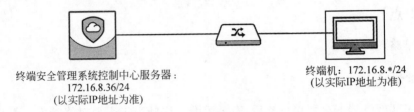

终端安全管理系统控制中心服务器：　　　　　　　　终端机：172.16.8.*/24
172.16.8.36/24　　　　　　　　　　　　　　　　　（以实际IP地址为准）
（以实际IP地址为准）

图 2-85　登录终端机

（2）运行浏览器，输入网址"http://172.16.8.36"，下载适用于 Windows 7 的客户端程序，保存客户端安装文件，按照默认设置安装客户端。

2. 配置终端浏览器主页

（1）运行浏览器。查看当前默认主页为空，如图 2-86 所示。

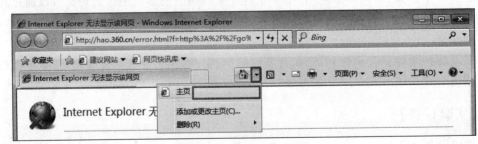

图 2-86　查看主页

（2）进入实验所对应的拓扑左侧的终端安全管理系统控制中心服务器，如图 2-87 所示。

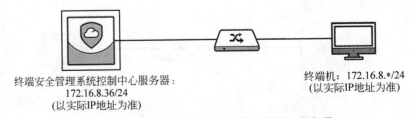

终端安全管理系统控制中心服务器：　　　　　　　　终端机：172.16.8.*/24
172.16.8.36/24　　　　　　　　　　　　　　　　　（以实际IP地址为准）
（以实际IP地址为准）

图 2-87　登录终端安全管理系统控制中心服务器

（3）使用浏览器访问终端安全管理系统,使用用户名为"admin",密码为"!1fw@2soc♯3vpn"登录控制中心服务器,单击"策略中心"→"终端策略"→"安全防护"→"安全防护中心"选项,如图 2-88 所示。

图 2-88　策略中心

（4）在"浏览器防护"一栏中,勾选"首页锁定防护"复选框,输入锁定首页为"qianxin.com",即锁定浏览器主页为 qianxin.com,单击"保存"按钮保存设置,如图 2-89 所示。

图 2-89　浏览器防护

3. 配置终端开机助手

单击"开机小助手"选项,勾选"开机后提示本次开机时间"复选框,单击右下角"保存"按钮保存设置,如图 2-90 所示。

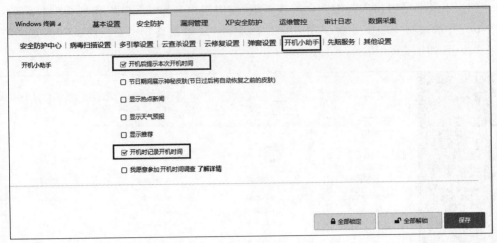

图 2-90 设置"开机小助手"

【实验预期】

（1）安全防护策略开启。

（2）浏览器主页被锁定。

（3）开机后开机助手启动。

【实验结果】

1. 安全防护策略开启

（1）进入实验所对应的拓扑，登录右侧终端机，如图 2-91 所示。

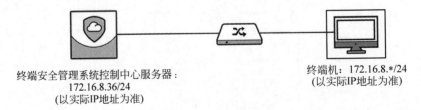

终端安全管理系统控制中心服务器：
172.16.8.36/24
（以实际IP地址为准）

终端机：172.16.8.*/24
（以实际IP地址为准）

图 2-91 登录终端机

（2）运行终端安全管理系统客户端，单击"全面体检"按钮，如图 2-92 所示。

（3）在体检过程中，可以看到安全防护的策略信息，例如"文件系统防护""注册表防护""进程防护"等均已生效，如图 2-93 所示。

2. 浏览器主页策略生效

重新运行浏览器，查看主页已被更改为"qianxin.com"，如图 2-94 所示。

3. 开机后开机助手启动

（1）重新启动 Windows 终端，开机后可以看到开机时间，如图 2-95 所示。

图 2-92 单击"全面体检"按钮

图 2-93 安全体检进度

图 2-94 查看主页已被更改

图 2-95　开机助手显示开机时间

（2）通过配置安全防护基本策略，实现了终端安全防护策略的下发和执行，以及浏览器主页锁定和开机过程的监控管理，满足实验预期。

【实验思考】

（1）如果对终端中运行的浏览器进行统一规定，应如何设置？

（2）搜索引擎常常会引起用户个人隐私泄漏，如何设置搜索引擎安全策略以实现对用户个人信息的保护？

2.2.4　终端安全管理系统控制中心漏洞控制实验

【实验目的】

掌握对内网终端进行漏洞修复的操作；掌握根据不同计算机分组合理安排补丁下发，提升企业终端漏洞防护等级的方法，并熟悉漏洞修复相关报表和日志的分析方法。

【知识点】

漏洞扫描、漏洞修复、漏洞分析。

【场景描述】

A 公司部署终端安全控制系统之后，张经理需要了解公司当前内网终端的漏洞情况。张经理要求小王收集内网终端的漏洞信息，同时指出由于财务部对安全等级要求比较高，需要重点对财务部的终端进行漏洞修复。请协助小王完成漏洞控制的配置。

【实验原理】

在终端的安全性中，漏洞是一个比较宽泛的概念，可以涉及终端系统的方方面面：硬件、操作系统、应用软件等构成信息系统的组成元素都有可能包含漏洞。终端安全管理系统漏洞管理,是将终端中存在的漏洞与这些漏洞特征码组成的漏洞库进行比对,从而获取终端存在的漏洞信息。

由于某些业务的特殊性或兼容性等原因,可能导致某些漏洞并不一定适合安装,有可能导致终端重新启动、宕机,导致业务中断或业务终止,因此需要对此类漏洞补丁进行测试、验证,以确保安装补丁对业务造成的影响最小化。终端安全管理系统通过将计算机与漏洞进行多维关联,根据终端或漏洞进行分组控制,确保漏洞精准下发。为了避免出现大量终端同时下载补丁,导致信息系统内部网络拥塞,终端安全管理系统需要根据不同的计算机分组与操作系统类型将补丁错峰下发,在保障企业网络带宽的前提下有效提升企业整体漏洞防护等级。

【实验设备】

主机设备:Windows Server 2008 R2 主机 1 台,Windows Server 2003 主机 1 台,Windows 7 主机 1 台。

网络设备:交换机 1 台,路由器 1 台。

【实验拓扑】

实验拓扑如图 2-96 所示。

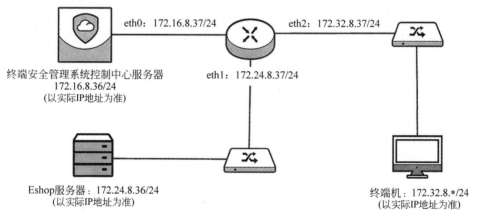

图 2-96　终端安全管理系统控制中心漏洞控制实验拓扑

【实验思路】

(1) 在 Eshop 服务器、Windows 7 终端安装终端安全管理系统客户端。

(2) 将终端机进行分组。

(3) 新建漏洞扫描任务。

(4) 对财务部终端机进行漏洞修复。

(5) 漏洞分析。

【实验步骤】

1. 在 Eshop 服务器、Windows 7 终端机安装终端安全管理系统客户端

（1）进入实验所对应的拓扑，登录右下角的终端机，如图 2-97 所示。

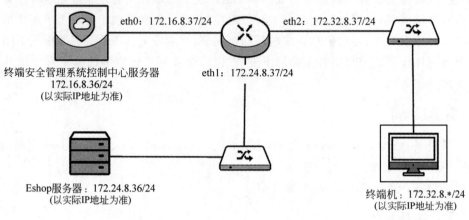

eth0：172.16.8.37/24 eth2：172.32.8.37/24

终端安全管理系统控制中心服务器
172.16.8.36/24
（以实际IP地址为准）

eth1：172.24.8.37/24

Eshop服务器：172.24.8.36/24
（以实际IP地址为准）

终端机：172.32.8.*/24
（以实际IP地址为准）

图 2-97　登录 Windows 7 终端

（2）运行浏览器，在地址栏中输入网址"http://172.16.8.36"，下载适用于 Windows 7 的客户端安装文件，按照默认设置安装客户端。

（3）进入实验所对应的拓扑，登录左下角的 Eshop 服务器，如图 2-98 所示。

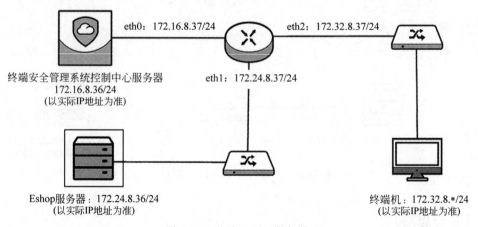

eth0：172.16.8.37/24 eth2：172.32.8.37/24

终端安全管理系统控制中心服务器
172.16.8.36/24
（以实际IP地址为准）

eth1：172.24.8.37/24

Eshop服务器：172.24.8.36/24
（以实际IP地址为准）

终端机：172.32.8.*/24
（以实际IP地址为准）

图 2-98　登录 Eshop 服务器

（4）运行浏览器，在地址栏中输入网址"http://172.16.8.36"，下载适用于 Windows 2003 的客户端，按照默认设置安装客户端。

2. 将终端进行分组

（1）进入实验对应拓扑，登录终端安全管理系统控制中心控制服务器，如图 2-99 所示。

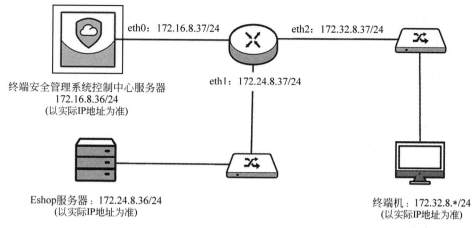

图 2-99　登录终端安全管理系统控制中心服务器

（2）使用浏览器访问终端安全管理系统，使用用户名为"admin"，密码为"!1fw@2soc♯3vpn"登录控制中心。在"全网计算机"中新建"研发"分组，并启用自动分组规则的 IP 自动分组，填写 IP 地址为"172.24.8.1-172.24.8.200"。在"全网计算机"中新建"财务"分组，并启用自动分组规则的 IP 自动分组，填写 IP 地址为"172.32.8.1-172.32.8.200"。

【实验预期】

（1）在终端安全管理系统控制中心新建漏洞扫描。

（2）对指定分组进行漏洞修复。

（3）终端安全管理系统日志报表查看相关日志信息。

【实验结果】

1. 在终端安全管理系统终端显示新建漏洞扫描

（1）在终端安全管理系统控制中心，单击"漏洞管理"→"按终端显示"选项，如图 2-100 所示。

图 2-100　单击"漏洞管理"选项

（2）在"漏洞管理"页面勾选所有在线终端设备，然后单击"扫描"按钮，弹出操作成功的提示。如有终端显示离线，重启该终端即可转换为在线状态，重复操作即可，如图 2-101 所示。

图 2-101　新建扫描

（3）等待大约 3 分钟左右（扫描结果受网络环境影响，以实际时间为准），刷新当前页面，可以看到扫描的具体结果，如图 2-102 所示。

图 2-102　漏洞扫描的具体结果

2. 对指定分组进行漏洞修复

（1）单击"漏洞管理"→"全网计算机"→"财务"选项，进入财务部的终端列表，如图 2-103 所示。

图 2-103　财务部的终端列表

（2）在财务部页面，勾选财务部的终端，再单击"修复"按钮发布漏洞修复任务，会弹出下发修复任务成功提示，如图 2-104 所示。

图 2-104　发布漏洞修复任务

（3）等待大概 3 分钟左右(受网络环境影响,以实际情况为准),刷新当前页面,可以看到已修复的漏洞数量(实验环境中漏洞补丁库仅包含 2011 年的补丁,因此仅显示相关年份的漏洞信息),如图 2-105 所示。

图 2-105　漏洞修复数量

（4）单击漏洞管理页面的"全网计算机",可以看到研发组的终端还未修复,财务部的终端已修复,如图 2-106 所示。

图 2-106　漏洞修复信息

（5）单击"漏洞管理"→"按漏洞显示"选项,如图 2-107 所示。

图 2-107　按漏洞显示

（6）在"漏洞显示"页,可以查看具体漏洞的信息及修复数量等,如图 2-108 所示。

图 2-108　漏洞显示列表

3. 终端安全管理系统日志报表查看相关日志信息

（1）在终端安全管理系统控制中心单击"日志报表"→"终端日志"选项，在终端日志类别项勾选"漏洞分析"复选框，然后单击"查询"按钮，如图 2-109 所示。

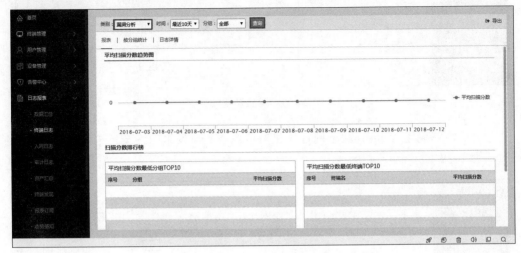

图 2-109　终端日志

（2）在漏洞分析页面可以查看到"高危漏洞修复趋势""漏洞修复失败统计""已修复漏洞类型分布""已修复高危漏洞排行榜"等统计信息，如图 2-110 和图 2-111 所示。

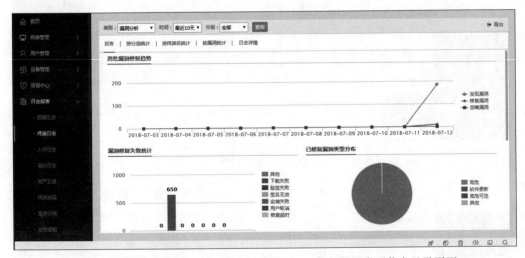

图 2-110　漏洞修复趋势、漏洞修复失败统计、已修复漏洞类型信息显示页面

（3）单击"日志详情"超链接，可以查看具体的漏洞修复日志信息，如图 2-112 所示。

（4）终端安全管理系统通过对信息系统中终端的漏洞进行匹配扫描，可以判断终端存在哪些漏洞。对于终端中的特定组织终端存在的漏洞，可以实现区别处理，满足实验预期。

图 2-111　漏洞修复排行榜

图 2-112　漏洞修复信息

【实验思考】

（1）对于某些影响业务的漏洞，通常需要测试后才能决定是否安装，对于此类漏洞，如何通过终端安全管理系统对指定漏洞进行管理？

（2）为避免信息系统中大量终端同时下载补丁，造成网络拥塞，需要如何设置终端安全管理系统才可以避免此类现象出现？

2.2.5　终端安全管理系统控制中心应用控制实验

【实验目的】

掌握应用控制规则的编写和应用到控制策略中的方法。

【知识点】

应用控制规则,控制策略。

【场景描述】

A 公司在未安装终端安全管理系统时,信息系统内部终端中运行的应用程序没有统一管理,员工通过各种渠道获取的应用程序中经常包含恶意代码,导致信息系统内部安全事件频发。在部署终端安全管理系统后,张经理要求对信息系统中终端的应用进行安全管控,要求安全运维工程师小王对内网终端中的应用进行安全处置,不允许非法的应用在终端中运行。请协助小王完成终端策略的应用控制配置。

【实验原理】

在操作系统中运行的应用程序,在运行过程中通常会产生文件、注册表、进程等相关信息。终端安全管理系统通过对终端中的进程启动控制、文件防护、注册表防护和进程防护子功能实现应用程序的安全管控。其中,进程启动控制用于控制终端上能运行的进程;文件防护用于防护关键目录免受非法篡改;注册表防护用于防护关键注册表被更改;进程防护用于防护关键进程,避免被恶意结束。

【实验设备】

主机设备:Windows Server 2008 R2 主机 1 台,Windows 7 主机 1 台。
网络设备:路由器 1 台。

【实验拓扑】

实验拓扑如图 2-113 所示。

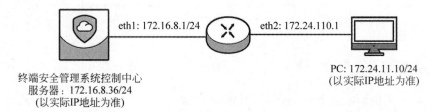

图 2-113   终端安全管理系统控制中心应用控制实验拓扑

【实验思路】

(1) 添加应用控制规则。
(2) 启用应用控制规则。
(3) 验证应用控制效果。
(4) 分析日志报表。

【实验步骤】

（1）进入实验对应拓扑，登录终端安全管理系统控制中心服务器，如图 2-114 所示。

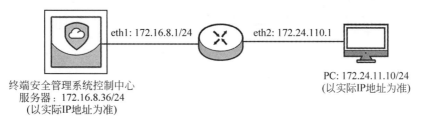

图 2-114　登录终端安全管理系统控制中心服务器

（2）使用浏览器访问终端安全管理系统，使用用户名为"admin"，密码为"！1fw@2soc
♯3vpn"登录控制中心，单击"策略中心"→"应用控制"→"进程匹配规则"选项，进入进程
匹配规则添加页面，如图 2-115 所示。

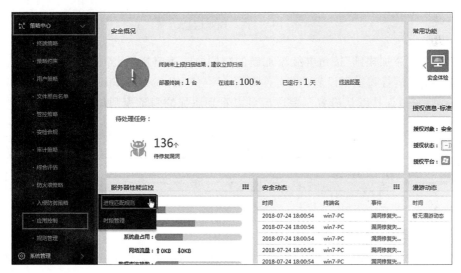

图 2-115　进入进程匹配规则添加页面

（3）单击页面中的"添加规则"按钮添加新的规则，如图 2-116 所示。

图 2-116　添加新规则

（4）在弹出的"策略规则"页面，输入规则名称为"禁止 notepad＋＋运行"，判定条件
选择"文件名 ＝＝ notepad＋＋.exe"，其他选项保持默认设置，单击"确认"按钮，如
图 2-117 所示。

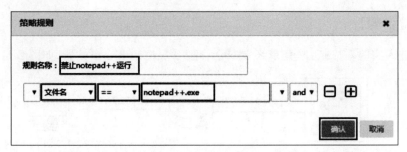

图 2-117　规则配置

（5）添加完成后可以看到添加的规则的信息，如图 2-118 所示。

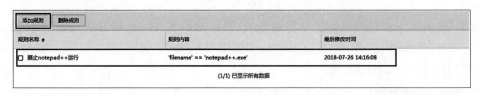

图 2-118　规则信息

（6）单击"添加规则"按钮继续添加新的规则，在"策略规则"界面"规则名称"输入"禁止 Everything 运行"，规则设置为"文件路径＝＝C：\Program Files\Everything\Everything.exe"，其他保持默认设置。完成后可以看到添加的两条规则信息，如图 2-119 所示。

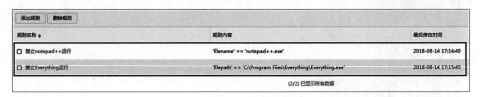

图 2-119　添加的规则信息

（7）单击"策略中心"→"终端策略"选项，进入终端策略设置界面，在策略设置页面中，单击"应用控制"标签，在"进程启动设置"一栏中，将"功能开关"设置为"防护模式"，勾选"应用程序启动被阻止时弹窗提示"复选框，"默认策略"勾选"允许启用"复选框，其他保持默认设置，如图 2-120 所示。

图 2-120　设置应用控制策略

（8）完成之后在下方添加控制规则，规则名称选择"禁止 notepad＋＋运行"，类型为"禁止启动"，单击"＋"号按钮添加，再添加"禁止 Everything 运行"，类型为"禁止启动"规则，如图 2-121 所示。

图 2-121 添加规则

（9）添加完成后可以查看添加的规则内容和所执行的动作，单击"保存"按钮保存设置，如图 2-122 所示。

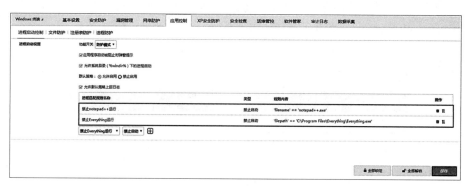

图 2-122 保存设置

【实验预期】

（1）Notepad＋＋.exe 进程被禁止运行。

（2）Everything 进程被禁止运行。

（3）违规进程启动情况可以在应用控制日志报表中看到。

【实验结果】

（1）进入实验对应拓扑，登录右侧 PC 终端，用户名选择为 Administrator，密码为 123456，如图 2-123 所示。

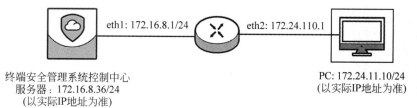

终端安全管理系统控制中心
服务器：172.16.8.36/24
（以实际IP地址为准）

eth1: 172.16.8.1/24   eth2: 172.24.110.1

PC: 172.24.11.10/24
（以实际IP地址为准）

图 2-123 登录终端 PC

（2）进入操作系统后，在桌面上显示有 Notepad＋＋和搜索 Everything 的程序快捷图标，如图 2-124 所示。

（3）需要等待 1 分钟左右，以便终端客户端程序与终端安全管理系统控制中心的安全策略同步。双击 Notepad＋＋快捷方式尝试运行程序，可以看到 Notepad＋＋并没有运行。在桌面右下角会有弹窗提醒，提示程序不能运行，单击"确定"按钮可关闭弹窗；双击桌面上的 Everything 快捷方式尝试运行程序，可以看到 Everything 程序没有运行，桌面右下角会有同样的弹窗提醒，提示软件不能运行，如图 2-125 所示。

（4）返回终端安全管理系统控制中心页面，单击左侧"日志报表"→"终端日志"选项，进入终端日志查看页面，查询的"类别"选择"应用控制"，单击"查询"按钮查询应用控制日志，如图 2-126 所示。

（5）可以在应用控制趋势图中看到"允许进程启动""阻止进程启动"和"阻止结束进程"等数量和趋势（需要等待 1～2 分钟），把光标移至蓝色折线的当前日期对应的点上，可以看到阻止进程启动的数量为 2，违规进程启动排行左侧可以看到违规进程启动的名称，如图 2-127 所示。

图 2-124　终端桌面上
的程序图标

图 2-125　应用程序控制提示

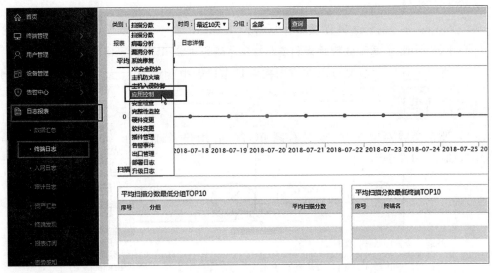

图 2-126　查看日志

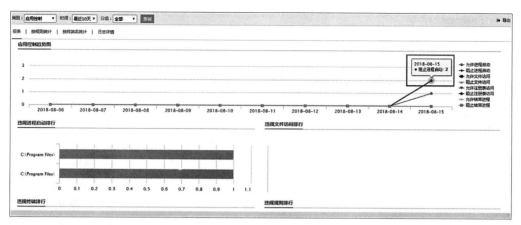

图 2-127 应用控制趋势图

（6）单击此节点，在弹出的"应用控制趋势-阻止进程启动"对话框可以看到详细的信息，把光标移至对象一列的任意一个对象上，可以看到被阻止运行的应用信息，如图 2-128 所示。

图 2-128 详细信息

（7）把光标移至违规进程启动排行的柱状图上，可以看到是违规启动进程的详细信息，可以看到上面的违规进程是实验中设置禁止的 Everything，如图 2-129 所示。

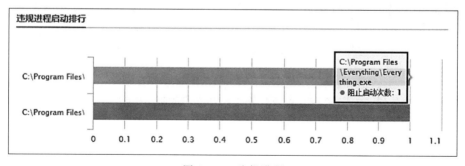

图 2-129 违规进程

（8）向下滚动页面，在违规规则排行中可以看到违规规则的命中次数，可以看到设置的两条规则都命中了一次，如图 2-130 所示。

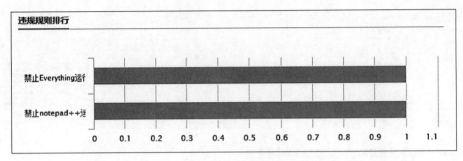

图 2-130　违规规则

（9）通过"违规终端排行"页面可以看到哪些终端启动了违规进程，以及违规进程数量，在本实验中可以看到违规终端只有一台，违规应用有两个，如图 2-131 所示。

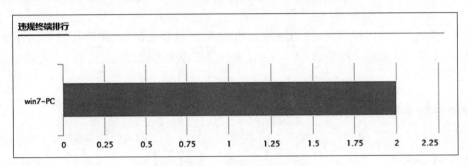

图 2-131　"违规终端排行"页面

（10）通过终端安全管理系统配置终端中应用程序的使用规则，使得管理的终端可采用统一的应用程序管控安全策略，在终端接收到下发的安全策略后，可以实现对应用程序运行状态的管控，满足实验预期。

【实验思考】

（1）如果某些终端中需要运行特定的用户才能运行的应用程序需要如何设置相关策略？

（2）对于特定的注册表项目，如何设置终端安全管理系统以避免应用修改注册表项目？

2.2.6　终端安全管理系统外设管理策略实验

【实验目的】

掌握终端外设管理的策略配置。

【知识点】

管控策略-管控模板，外设使用，终端策略-运维管控，日志报表-终端日志-硬件变更。

【场景描述】

A 公司为加强数据安全管理,避免 USB 移动存储设备带来的恶意代码对内部网络造成安全威胁,同时避免内部敏感数据通过 USB 移动存储设备泄露,需要内网终端禁止使用 USB 移动存储设备。张经理指派安全运维工程师小王通过终端安全管理系统控制中心,对内网终端的外设进行统一的管控,请协助小王制定并部署外设管理策略。

【实验原理】

操作系统通过设备管理器对终端的硬件设备进行管理,通过驱动程序完成对设备的使用和设置。终端安全管理系统通过对设备管理器设置设备的使用状态,完成外设的管理,例如,USB 移动存储、USB 非移动存储、存储卡、冗余硬盘、打印机、扫描仪、键盘、鼠标、红外、蓝牙、摄像头、手机、平板电脑等。通过对光盘驱动器进行管控,也可以对光盘的读取、刻录权限进行管控。

【实验设备】

主机设备:Windows Server 2008 R2 主机 1 台,Windows 7 主机 1 台。
网络设备:交换机 1 台。

【实验拓扑】

实验拓扑如图 2-132 所示。

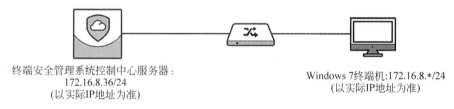

终端安全管理系统控制中心服务器:
172.16.8.36/24
(以实际IP地址为准)

Windows 7终端机:172.16.8.*/24
(以实际IP地址为准)

图 2-132　终端安全管理系统外设管理策略实验拓扑

【实验思路】

(1) 配置管控策略。
(2) 配置规则管理。
(3) 配置终端策略。
(4) 验证管控效果。

【实验步骤】

1. 配置管控策略

(1) 进入实验对应拓扑,登录左侧终端安全管理系统控制中心服务器,如图 2-133 所示。

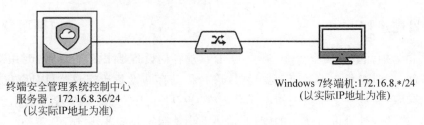

终端安全管理系统控制中心
服务器：172.16.8.36/24
（以实际IP地址为准）

Windows 7终端机:172.16.8.*/24
（以实际IP地址为准）

图 2-133　登录终端安全管理系统控制中心服务器

（2）使用浏览器访问终端安全管理系统，使用用户名为"admin"，密码为"!1fw@2soc♯3vpn"登录控制中心。在"策略中心"的"管控模板"中新建模板。"名称"填写"外设管理策略"，"基于模板"选择"不使用现有模板"，然后单击"新建"按钮。在新建的"外设管理策略"模板中，单击"外设使用"标签，勾选"启用策略"，然后在"设备控制"处单击"USB 移动存储"，将图标改为红色，即禁用状态。单击"保存"按钮保存相关设置，如图 2-134 所示。

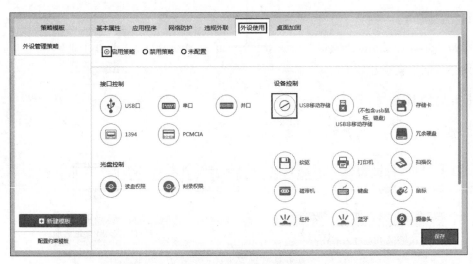

图 2-134　设置外设使用

（3）在新建的"外设管理策略"模板的"基本属性"选项卡中，单击"发布"按钮，将该模板进行发布，在弹出的页面中取消勾选"同步到下级控制中心"选项，然后单击"确认"按钮发布"外设管理策略"。

2. 配置规则管理

在终端安全管理系统控制中心，在"规则管理"中的"策略应用规则"添加规则。在弹出的页面中，"规则名称"填写"外设管理规则"，"规则条件"选择"操作系统"，条件选择"=="，匹配条件选择"Windows 7 32 位"，然后单击"确认"按钮，完成规则的添加。

3. 配置终端策略

在终端安全管理系统控制中心，在"终端策略"中的"运维管控"新增策略。在弹出的页面中，"策略应用规则"选择"外设管理规则"，"生效时间"选择"所有时间"，"终端生效条件"勾选"在线"和"离线"复选框,"应用模板"选择"外设管理策略",然后单击"确认"按钮保存设置。

【实验预期】

USB 移动存储设备无法使用。

【实验结果】

(1) 进入实验对应拓扑,登录右侧的 Windows 7 终端,插入 USB 移动存储设备,如图 2-135 所示。

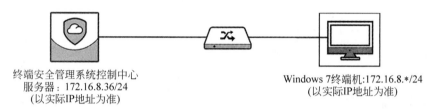

终端安全管理系统控制中心
服务器: 172.16.8.36/24
(以实际IP地址为准)

Windows 7终端机:172.16.8.*/24
(以实际IP地址为准)

图 2-135 登录 Windows 7 终端机

(2) 打开 Windows 控制面板,单击"设备管理器",如图 2-136 所示。

图 2-136 控制面板

(3) 在设备管理器中,打开"通用串行总线控制器",可见"USB 大容量存储设备"前显示黄色的感叹号,在该设备上单击鼠标右键,在弹出的快捷菜单中单击"属性"命令,如图 2-137 所示。

(4) 在弹出的"USB 大容量存储设备属性"对话框中,可以查看到设备状态,如

图 2-138 所示。

图 2-137 设备管理器

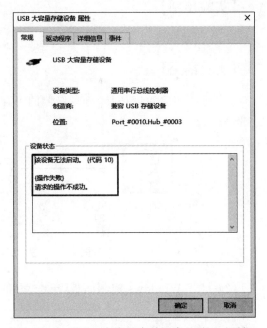

图 2-138 "USB 大容量存储设备 属性"对话框

（5）在终端安全管理系统中，通过统一定制外设的使用策略，可以对管理的终端进行统一的外设管理。在终端接收到下发的安全策略后，终端中的相关设备被禁用而无法启动，满足实验预期。

【实验思考】

（1）如何通过终端安全管理系统对终端光盘读写进行控制？

（2）如何查看终端安全管理系统硬件变更日志？

2.2.7　终端安全管理系统约束策略实验

【实验目的】

掌握约束模板的创建、应用方法。

【知识点】

账号管理，权限设置，管控模板，运维管控。

【场景描述】

A 公司各部门中终端数量较多，如果采用统一管理的方式，管理员工作将不堪重负。

为避免统一管理带来的工作量弊端,张经理决定采用分级管理方式管理,要求安全运维工程师小王为各部门分配部门管理员。为约束各部门管理员的行为和权限,小王需要制定约束模板,使得各部门管理员在管理各自部门内终端时,使用统一规定的约束模板。同时对管理员违规操作进行审计,通过管理员操作日志获知操作事项用于审计。请协助小王配置约束模板。

【实验原理】

为确保组织的信息系统安全,应统一制定一个信息系统中必须遵守的最低安全规则,即安全基线。在终端安全管理系统中,使用约束模板,管理员可设置一个统一的安全基线。在其他管理员配置安全策略时,只能在约束模板的基础上新增其他策略内容,从而提高信息系统内部的信息安全水平。

【实验设备】

主机设备:Windows Server 2008 R2 主机 1 台,Windows 7 主机 2 台。
网络设备:路由器 1 台,交换机 2 台。

【实验拓扑】

实验拓扑如图 2-139 所示。

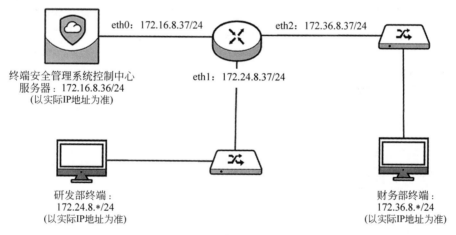

图 2-139　终端安全管理系统约束策略实验拓扑

【实验思路】

(1)创建终端分组:研发组和财务组。
(2)配置约束模板。
(3)创建研发管控模板、财务管控模板。
(4)验证约束策略的效果。

【实验步骤】

1. 创建终端分组：研发组和财务组

（1）进入实验所对应的拓扑，登录终端安全管理系统管理服务器，如图 2-140 所示。

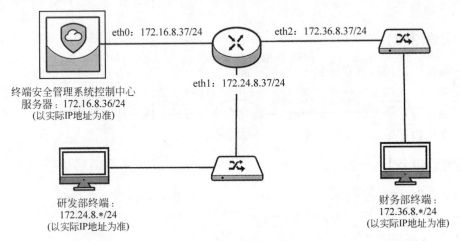

图 2-140　登录终端安全管理系统控制中心服务器

（2）使用浏览器访问终端安全管理系统，使用用户名为"admin"，密码为"！1fw@2soc♯3vpn"登录控制中心。在"全网计算机"中新建"研发"分组，启用自动分组规则，IP 地址为"172.24.8.1-172.24.8.200"。在"全网计算机"中新建"财务"分组，IP 地址为"172.36.8.1-172.36.8.200"。

2. 创建约束模板

（1）在终端安全管理系统中，单击"策略中心"→"管控策略"→"配置约束模板"，如图 2-141 所示。

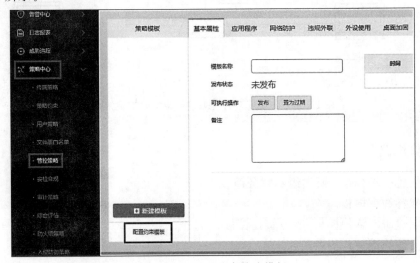

图 2-141　配置约束策略模板

（2）单击"桌面加固"标签，勾选"启用策略"复选框，"密码最小长度"设置为 10 位，"密码最长使用期限"设置为 60 天，"强制密码历史"设置为 3 次，"账号锁定阈值"设置为 3 次，"账号锁定时间"设置为 10 分钟，单击"保存"按钮保存设置，如图 2-142 所示。

图 2-142　设置桌面加固约束策略

（3）保存成功后，会弹出提示，如图 2-143 所示。

图 2-143　保存约束模板成功

3. 创建管理员

（1）在终端安全管理系统中，单击"系统管理"→"账号管理"→"本地账户"→"新建管理员"选项，如图 2-144 所示。

图 2-144　新建管理员

（2）在弹出的"新建管理员"页面中，"账号"填写为"yanfa"，"密码"填写为"yanfa123456"，"邮箱"填写"yanfa@qax.net"，"账号类型"选择"普通管理员"，其他保留默认设置，然后单击"下一步"按钮，如图 2-145 所示。

（3）在弹出的提示页面中，单击"确定"按钮，如图 2-146 所示。

图 2-145　设置管理员信息

图 2-146　新建管理员权限管理提示

（4）在右侧会弹出管理员权限设置页面，在"功能权限"选项卡中勾选"策略中心"复选框，然后再单击"分组策略"选项卡，如图 2-147 所示。

（5）在"分组策略"选项卡中，勾选"研发"复选框，然后单击"保存"按钮，如图 2-148 所示。

图 2-147　配置功能权限

图 2-148　分组策略

（6）采取相同的步骤，创建管理员账号"caiwu"，密码填写为"caiwu123456"，邮箱填写"caiwu@qax.net"，"账号类型"选择为"普通管理员"。在右侧弹出的页面中，"功能权限"选项卡中勾选"策略中心"复选框，"分组策略"勾选"财务"复选框，保存相关配置。

（7）添加研发和财务管理员后，在界面中会显示添加的管理员信息，单击右上角admin 旁的箭头符号，选择"退出登录"选项，退出终端安全管理系统控制中心，如图 2-149所示。

图 2-149　管理员列表

【实验预期】

（1）研发管理员创建管控策略时，保持默认设置为 admin 管理员设置的"配置约束模板"中的设置。

（2）财务管理员创建管控策略时，保持默认设置为 admin 管理员设置的"配置约束模板"中的设置。

【实验结果】

1. 研发管理员使用约束模板创建研发约束策略

（1）使用研发管理员账号"yanfa"，密码"yanfa123456"登录终端安全管理系统控制中心服务器。在"策略中心"中的"管控策略"中新建模板。在弹出的对话框中，"名称"填写"研发管理策略"，"基于模板"选择"不使用现有模板"，然后单击"新建"按钮，如图 2-150所示。

图 2-150　新建策略模板

（2）单击"桌面加固"选项卡，可以看到账号密码策略中的设置内容，与 admin 约束模板中的设置是相同的，单击"保存"按钮保存设置，如图 2-151 所示。

（3）退出 yanfa 账户。

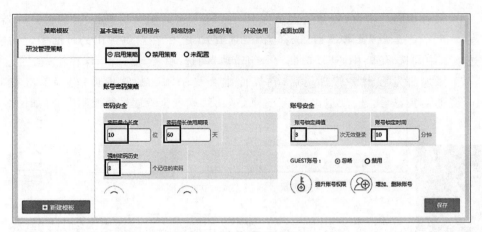

图 2-151　配置桌面加固策略

2. 财务管理员创建管控策略

（1）使用财务管理员账号"caiwu"，密码"caiwu123456"登录终端安全管理系统控制中心。单击"管控策略"→"新建模板"，新建"财务管理策略"，其他选项保持默认设置。

（2）单击"桌面加固"标签，可以看到账号密码策略中的配置内容，与 admin 约束模板中的配置是相同的，单击"保存"按钮保存设置。

（3）通过 admin 管理员设置约束模板，二级管理员在配置管控策略时引用了约束模板中的设置，满足实验预期。

【实验思考】

（1）普通管理员可以创建约束模板吗？

（2）二级管理员设置管控策略时，可以修改约束策略中的内容么？

2.2.8　终端安全管理系统安全扫描实验

【实验目的】

掌握终端安全体检、病毒查杀的相关操作，并学会恢复误删除文件以及设置定时病毒扫描任务。

【知识点】

安全体检，病毒查杀，定时查杀。

【场景描述】

A 公司部署终端安全管理系统后，张经理要求首次运行时对内网终端进行安全体检，通过安全扫描，对终端中的文件、病毒进行扫描和查杀，制订定期扫描计划，及时掌握终端的安全情况。张经理安排安全运维工程师小王设置终端安全管理系统有关于安全扫描的相关设置,请协助小王设置相关内容。

【实验原理】

终端安全管理系统控制中心提供了对终端的控制功能,通过任务下发的方式可以及时地对内网终端执行安全体检、病毒查杀等操作,同时可以获得下发任务的即时反馈,掌握终端的安全情况。

【实验设备】

主机设备:Windows Server 2008 R2 主机 1 台,Windows 7 主机 1 台。
网络设备:路由器 1 台。

【实验拓扑】

实验拓扑如图 2-152 所示。

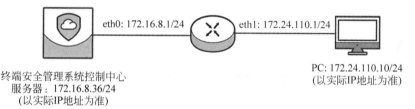

图 2-152　终端安全管理系统安全扫描实验拓扑

【实验思路】

(1) 选择终端执行病毒查杀。
(2) 选择终端执行安全体检。
(3) 分析安全体检日志。
(4) 分析病毒查杀日志。

【实验步骤】

1. 执行病毒查杀

(1) 进入实验对应拓扑,登录右侧的 PC 终端,用户名选择 Administrator,输入密码为 123456,进行登录,如图 2-153 所示。

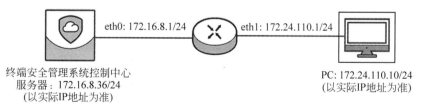

图 2-153　登录 PC 终端

（2）在终端桌面上有一个名为 readme.eml 的文件，此文件是一个病毒样本文件，如图 2-154 所示。

图 2-154　桌面上的病毒样本文件

（3）登录终端安全管理系统控制中心服务器，如图 2-155 所示。

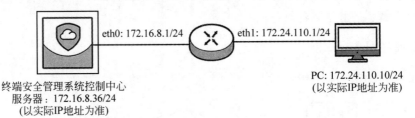

eth0: 172.16.8.1/24　　eth1: 172.24.110.1/24

终端安全管理系统控制中心
服务器：172.16.8.36/24
（以实际IP地址为准）

PC: 172.24.110.10/24
（以实际IP地址为准）

图 2-155　登录终端安全管理系统控制中心服务器

（4）使用浏览器访问终端安全管理系统，使用用户名为"admin"，密码为"!1fw@2soc♯3vpn"登录控制中心服务器，进入"终端管理"中的"病毒查杀"，在病毒查杀页面可以看到在线终端的信息，以及终端开启的安全防护模块，如图 2-156 所示。

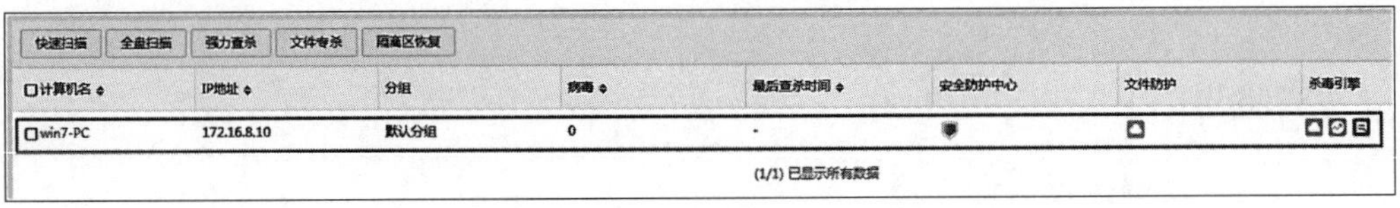

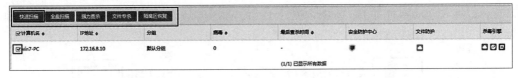

图 2-156　病毒查杀页面信息

（5）勾选需要扫描的 win7-PC 终端，在上方显示可以进行的操作，包括"快速扫描""全盘扫描""强力查杀""文件专杀"和"隔离区回复"。"快速扫描"只扫描系统关键区域，扫描速度较快；"全盘扫描"会扫描终端的所有文件，扫描速度较慢。本次实验选择"快速扫描"扫描病毒，如图 2-157 所示。

图 2-157　执行快速扫描

（6）返回终端 PC，运行终端安全管理系统客户端，可以看到病毒扫描正在进行，并在发现木马时，弹出提示框，此时单击"继续快速扫描"按钮继续扫描。等待扫描完成后可以看到扫描结果，显示有一个危险文件，路径显示为桌面上的 readme.eml 文件，单击"立即处理"按钮,如图 2-158 所示。

图 2-158　查杀结果

（7）此时出现处理成功提示,单击"稍后我自行重启"按钮,继续实验。

（8）病毒文件查杀完成后,在桌面上的 readme.eml 病毒样本文件已经消失。

2. 隔离区文件恢复

（1）返回终端安全管理系统控制中心,在"终端管理"→"病毒查杀"页面,勾选"win7-PC"复选框,单击"隔离区恢复"选项,可以恢复隔离区里的文件（注:也可使用终端安全管理系统客户端进行隔离文件恢复）,如图 2-159 所示。

图 2-159　进行隔离区文件恢复

（2）时间范围选择当天即可（以实际时间为准）,文件名/路径输入"C:\Users\Administrator\Desktop\readme.eml",单击"恢复"按钮,如图 2-160 所示。

图 2-160　隔离区文件恢复

（3）返回 Windows 7 终端，在桌面上可以看到被查杀的病毒文件已经被恢复。

3. 定时病毒查杀与黑白名单

（1）进入终端安全管理系统控制中心，单击"策略中心"→"终端策略"→"安全防护"→"病毒扫描设置"选项，在"病毒扫描设置"一栏可以设置病毒扫描的文件类型以及发现病毒时的处理方式，如图 2-161 所示。

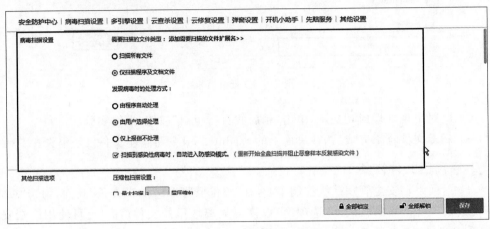

图 2-161　病毒扫描设置

（2）向下滚动页面可见其他扫描选项，可以选择是否扫描压缩包、扫描压缩包的层数（注：层数越多，耗费时间越多，占用系统资源就越多），还可以设置压缩包的类型为 zip、arj、tar.gz 等，如图 2-162 所示。

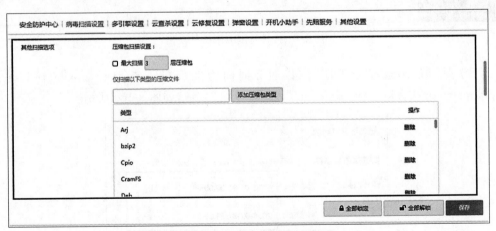

图 2-162　其他病毒扫描选项

（3）勾选"启用定时杀毒"复选框，"扫描类型"可以选择"快速扫描"或者"全盘扫描"，"扫描频率"可以选择"每天""每周"的某一天或"每月"的某一天。在本实验中，"扫描类型"选择"快速扫描"，"扫描频率"选择"每天"，扫描时间设置为 16 时 41 分（以实际情况为准，比终端当前时间晚 1～2 分钟），再单击"添加"按钮，并单击"保存"按钮保存设置，如

图 2-163 所示。

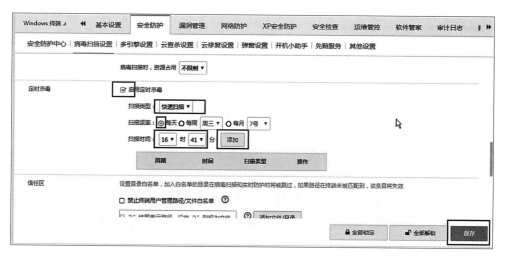

图 2-163　添加定时扫描信息

（4）可以把信任区信任的路径、文件、扩展或者进程加入白名单，当下发扫描任务时会忽略加入白名单的路径、文件、扩展名和进程，如图 2-164 所示。

图 2-164　信任区

（5）在指定时间，登录 PC 终端的客户端，可以看到杀毒扫描正在进行。单击"取消扫描"按钮，继续后续实验。

4. 执行安全体检

（1）返回终端安全管理系统控制中心，单击"终端管理"→"终端概况"选项，进入概况查看页面，勾选"win7-PC"复选框，单击上方的"安全体检"按钮，对终端进行安全体检，如图 2-165 所示。

（2）返回 win7-PC 终端，运行终端安全管理系统客户端，可以看到终端安全管理系统正在进行安全体检，如图 2-166 所示。

（3）等待安全体检完成后会显示终端所存在的问题（体检结果以实际结果为准）。

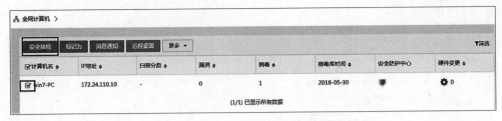

图 2-165　单击安全体检

图 2-166　安全体检进度显示

【实验预期】

（1）终端病毒成功查杀。

（2）分析病毒查杀日志。

（3）分析安全体检日志。

【实验结果】

（1）在实验步骤中，PC 终端体检完成后，桌面上的 readme.eml 病毒文件已经被成功查杀，在恢复隔离区文件时，该病毒文件已恢复至桌面上。

（2）返回终端安全管理系统控制中心，刷新"终端概况"页面，可以看到扫描分数为 0（以实际为准，在终端扫描完成后看到的分数为终端安全管理系统修复后的系统分数）；漏洞数量为 136；病毒数量为 1；硬件变更为 0，表示硬件没有变更，如图 2-167 所示。

（3）单击左侧"日志报表"→"终端日志"选项，进入终端日志查看页面，"类别"选择"病毒分析"，单击"查询"按钮查询病毒查杀的日志信息，如图 2-168 所示。

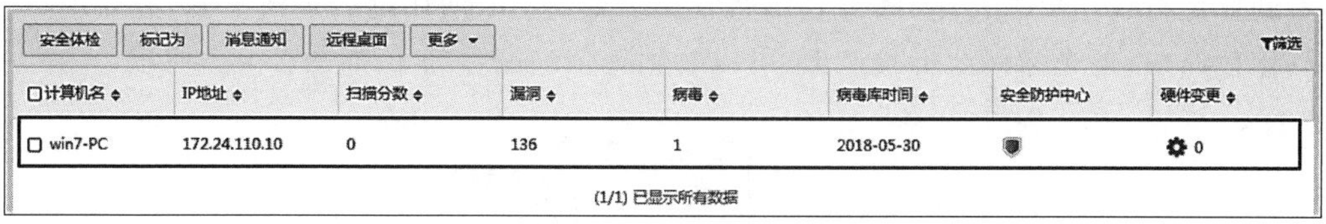

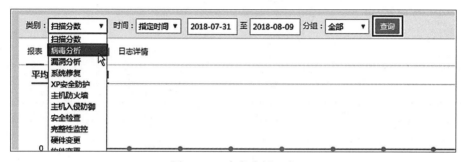

图 2-167　体检结果

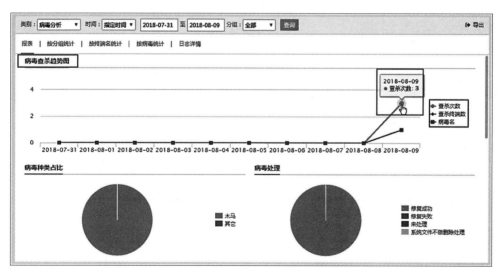

图 2-168　病毒分析日志

（4）在病毒分析页面可以看到大量的图表。病毒查杀趋势图显示了最近 10 天的病毒情况，横轴代表日期，纵轴代表数量。趋势图右边有图表说明，橘黄色（最上方折线）代表查杀次数，红色（中部折线）代表病毒名，蓝色（因查杀未完成，所以图中无此线）代表查杀终端数量。把光标移至橘黄色折线上，可以看到查杀次数为 3（此处也可能为 2，取决于用户单击取消"定时查杀"任务时，该任务执行的程度），如图 2-169 所示。

图 2-169　病毒分析情况

（5）把光标移至红色折线的点，可以看到病毒名为 1，如图 2-170 所示。

（6）单击此节点，在弹出的对话框中可以看到病毒名，如图 2-171 所示。

（7）因为实验所用的终端数量为 1，病毒名也为 1，所以红色折线在蓝色折线上面，无法看到蓝色折线。单击右侧"病毒名",然后折线图就会取消病毒名折线显示,这时就可以看到蓝色曲线,把光标移至折线点上,可以看到查杀终端数为1,如图2-172所示。

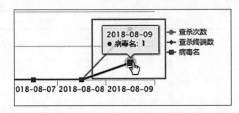

图2-170　查杀的病毒数量

病毒查杀趋势图-事件-病毒名-2018-08-09									✖
时间 ⬍	计算机名	IP地址	分组	触发方式 ⬍	病毒处理	病毒名	MD5	病毒种类 ⬍	文件路径
2018-08-09 ...	win7-PC	172.24.110.10	默认分组	管理员查杀	查杀修复成功	virus.html.url.7	642a393a5c6...	木马	C:\Users\Ad...
2018-08-09 ...	win7-PC	172.24.110.10	默认分组	用户查杀	查杀修复成功	virus.html.url.7	642a393a5c6...	木马	C:\Users\Ad...
2018-08-09 ...	win7-PC	172.24.110.10	默认分组	用户查杀	查杀修复成功	virus.html.url.7	642a393a5c6...	木马	C:\Users\Ad...

(3/3) 已显示所有数据

图2-171　查杀的病毒名称

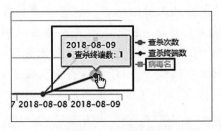

图2-172　查杀终端数量

(8) 向下滚动可以看到病毒排行榜,包括分组TOP10、终端TOP10和病毒TOP10排行榜,可以看到终端名称、病毒名称等信息,如图2-173所示。

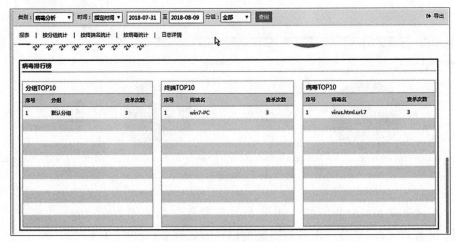

图2-173　排行榜汇总

（9）终端安全管理系统可以对管理的终端进行安全扫描，对扫描到的病毒进行查杀；对于某些扫描后划入隔离区的文件，可以通过恢复文件进行恢复；对管理范围内的终端可以制定扫描计划定时扫描、查杀终端，并可以对扫描结果通过报表方式进行汇总和输出，满足实验预期。

【实验思考】

（1）如果用户想每个月的 10 号和 20 号的 16:00 扫描应该怎么设置呢？

（2）通过终端安全管理系统可以恢复终端中隔离区的文件，还有哪些途径可以恢复隔离区中的文件？

2.2.9 终端安全管理系统软件管理实验

【实验目的】

掌握终端安全管理系统软件管理、软件分发的操作方法。

【知识点】

软件管理，软件分发。

【场景描述】

A 公司部署终端安全管理系统之后，张经理要求安全运维工程师小王对内网终端用户使用的、与工作相关的业务软件进行统一管理、分发，以避免由于软件版本不一致导致的业务影响，以及随意下载、未经确认的软件对内网的终端造成安全威胁。请协助小王配置终端安全管理系统控制中心，实现统一管理软件、分发软件的需求。

【实验原理】

企业业务逐步走向多样化、精细化、定制化，企业日常生产环境基本已经脱离不开各类应用软件的使用。为了提高企业管理效率和使用体验，越来越多的组织开始在内部使用购买、研发、定制各种各样的软件系统。通过对信息系统内网使用的软件进行统一管理，组织可以快速地建立企业私有、安全、个性化的软件商店，方便终端用户下载、安装、升级、卸载所需软件，实现了软件使用可视化管理，保证企业内部网软件的正常运行和软件安全性。

同时，统一的软件管理，可以协助管理者监控、管理终端已经安装的软件，包括软件统计、软件升级、软件卸载、软件分发等主要功能，从两种不同的管理视角（按软件展示和按终端展示）帮助管理员及时了解全网终端软件安装状态、升级状态，并且可以快速下发相应升级和卸载软件任务。

【实验设备】

主机设备：Windows Server 2008 R2 主机 1 台，Windows 7 主机 1 台，Windows XP

主机 1 台。

网络设备：路由器 1 台，交换机 1 台。

【实验拓扑】

实验对应拓扑如图 2-174 所示。

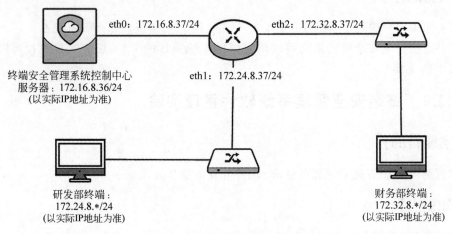

图 2-174　终端安全管理系统软件管理实验拓扑

【实验思路】

（1）创建终端设备分组。

（2）上传软件。

（3）下发软件。

（4）安装验证。

（5）分析软件变更日志。

【实验步骤】

1. 创建终端设备分组

（1）进入实验对应拓扑，登录终端安全管理系统控制中心管理服务器，如图 2-175 所示。

（2）使用浏览器访问终端安全管理系统，使用用户名为"admin"，密码为"!1fw@2soc ♯3vpn"登录控制中心。在"全网计算机"中新建分组"研发部"，启用自动分组规则，IP 地址填写"172.24.8.1-172.24.8.200"。在"全网计算机"新建分组"财务部"，启用自动分组规则，IP 地址填写"172.32.8.1-172.32.8.200"。

2. 软件分组

（1）单击"终端管理"→"软件管家"→"软件统计"选项，在页面中单击"软件安装统计"按钮，如图 2-176 所示。

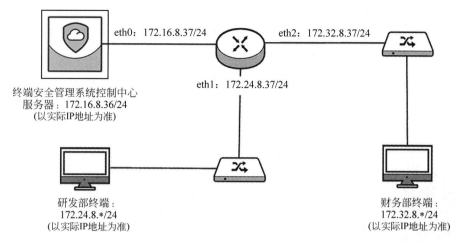

图 2-175　登录终端安全管理系统控制中心服务器

图 2-176　软件安装统计

（2）在弹出的"软件安装统计"窗口中，可以查看安装软件的统计信息，在软件安装统计页面左下角单击"新建分组"按钮，如图 2-177 所示。

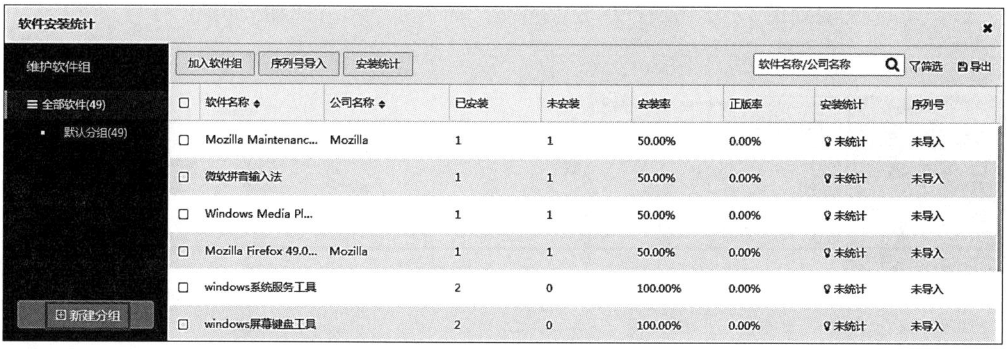

图 2-177　软件统计信息

（3）在弹出的对话框中的"分组名称"处填写"压缩软件"，然后单击"确认"按钮，如图 2-178 所示。

（4）在左侧可以查看到新建的"压缩软件"分组，如图 2-179 所示。

（5）重复相关步骤，新建"浏览器"分组。

图 2-178　新建"压缩软件"分组

图 2-179　软件分组信息

（6）在"软件安装统计"页右上角搜索栏中输入"Mozilla"，单击右侧放大镜图标进行搜索，如图 2-180 所示。

图 2-180　查找指定软件

（7）勾选搜索到的 Mozilla 软件，然后单击"加入软件组"按钮，如图 2-181 所示。

图 2-181　勾选软件加入软件组

（8）在弹出的对话框中，"请选择要加入的分组"选择"浏览器"，单击"确认"按钮，如图 2-182 所示。

（9）重复相同的搜索步骤，在"软件安装统计"页右上角搜索栏中输入"rar"，将 WinRAR 软件加入"压缩软件"分组。此时，在"软件安装统计"页面可见"压缩软件"和"浏览器"分组已有归类软件的数量，如图 2-183 所示。

图 2-182 确认软件分组

图 2-183 软件分组数量信息

（10）在左侧列表中单击"压缩软件"组的软件，可见归类的相关软件信息，如图 2-184
所示。

图 2-184 压缩软件类列表

3. 上传软件

（1）单击"终端管理"→"软件管家"→"分发管理"选项，如图 2-185 所示。

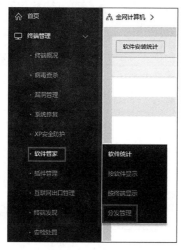

图 2-185 进入软件管家分发管理

（2）此时会弹出设置页面，由于实验环境中未配置软件盒子，因此单击"取消"按钮即可，如图 2-186 所示。

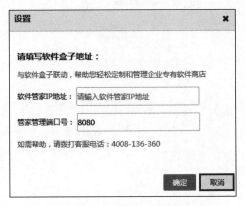

图 2-186　关闭软件盒子设置页面

（3）在软件分发页面中，单击"文件分发"一栏，再单击"上传"按钮，如图 2-187 所示。

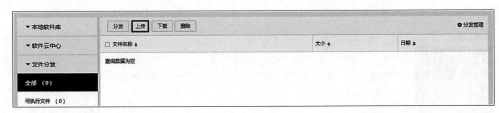

图 2-187　上传文件

（4）在弹出的文件选择对话框中，选择"桌面"→"软件管家"文件夹中的 7z1085.exe，如图 2-188 所示。

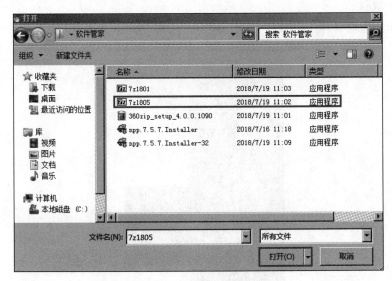

图 2-188　选择应用程序文件

（5）文件上传成功后，会弹出成功提示，如图 2-189 所示。

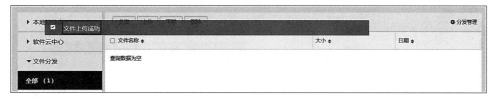

图 2-189　成功提示

（6）重复相关步骤，继续上传桌面文件夹中的 npp.7.5.7.Installer-32 文件。

4.下发软件

（1）勾选文件"7z1805.exe"复选框，然后单击"分发"按钮，如图 2-190 所示。

图 2-190　分发软件

（2）在弹出的"分发"页面中单击"全网计算机"→"财务部"选项，如图 2-191 所示。

图 2-191　选择分发对象

（3）在"分发"页勾选财务部终端，然后单击"下一步"按钮，如图 2-192 所示。

图 2-192　选择财务部终端

（4）在分发执行页面，保持默认设置即可，单击"完成"按钮完成软件下发，如图 2-193 所示。

图 2-193　设置分发执行参数

（5）随后会再次弹出配置软件盒子的页面，单击"取消"按钮关闭即可。

（6）重复相关步骤，将 npp.7.5.7.Installer-32.exe 分发至"全网计算机"中的"研发部"。

【实验预期】

（1）终端接收到终端安全管理系统推送并安装软件。

（2）终端安全管理系统日志报表查看相关日志。

【实验结果】

1. 终端接收到终端安全管理系统推送并安装软件

（1）进入实验所对应的拓扑，登录研发部终端，如图 2-194 所示。

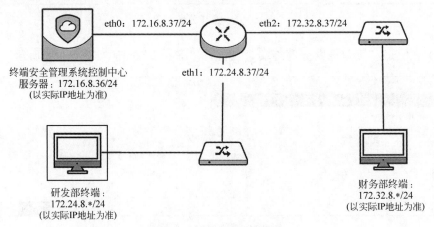

图 2-194　登录研发部终端

（2）在终端桌面右下角会显示软件分发的弹窗,单击"确定"按钮,如图 2-195 所示。

（3）在弹出的 Notepad++ 软件安装界面中,按照软件默认设置安装即可。

（4）在软件安装完成的过程中,终端安全管理系统会弹出拦截页面,选择"允许程序所有操作"选项即可,如图 2-196 所示。

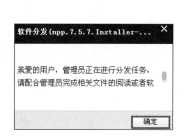

图 2-195　分发 Notepad++ 软件安装包

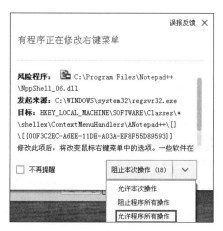

图 2-196　程序修改提示弹窗

（5）进入实验所对应的拓扑,登录财务部终端,如图 2-197 所示。

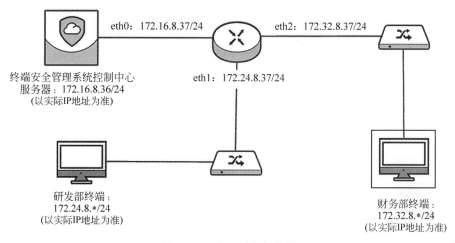

图 2-197　登录财务部终端

（6）在终端桌面右下角同样会弹出"软件分发"对话框,分发内容为 7z1805.exe。单击"确定"按钮,如图 2-198 所示。

（7）按照软件默认设置安装软件即可,在安装的最后阶段,终端安全管理系统会弹出拦截页面,单击"允许程序所有操作"选项即可。

2. 终端安全管理系统日志报表查看相关日志

（1）返回终端安全管理系统控制中心服务器,单击软件分发界面中的"分发管理",如图 2-199 所示。

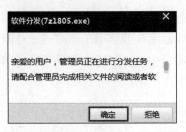

图 2-198　分发 7z1805.exe 程序

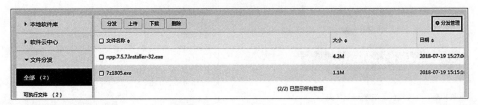

图 2-199　单击"分发管理"

（2）在"分发管理"页面，可以查看下发软件的安装数据，如图 2-200 所示。单击右上角的"×"按钮可关闭该页面。

图 2-200　分发管理详情

（3）在终端安全管理系统控制中心单击"日志报表"→"终端日志"选项，在终端日志页的"类别"中选择"软件变更"，其他保持默认设置，单击"查询"按钮，如图 2-201 所示。

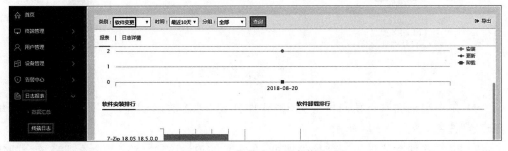

图 2-201　软件变更日志信息

（4）查询后，单击"终端日志"页面中的"日志详情"选项卡，可以查看详细信息，如图 2-202 所示。

（5）通过终端安全管理系统可以对信息系统中的软件进行统一管控，通过管理员上传、下发软件,实现对组织内部终端软件管理。通过对终端中运行软件信息的收集,生成软件下发记录,用于工作记录和审计需求,满足实验预期。

图 2-202　日志详情

【实验思考】

(1) 如何通过终端安全管理系统对管理的终端强制安装指定的软件?
(2) 如何对下发文件行为进行审计?

2.2.10　终端安全管理系统终端审计实验

【实验目的】

掌握对终端安全管理系统审计内容和策略进行设置,实现管理范围内的终端安全审计。

【知识点】

审计策略,策略模板。

【场景描述】

A 公司的终端安全系统运行一段时间后,张经理按公司信息安全管理制度要求,需要对内网终端进行审计工作,通过审计可以追查违规软件的使用、违规站点的访问、违规操作等信息。因此张经理要求安全运维工程师小王对终端安全管理系统进行设置,实现内网终端安全的审计。请协助小王实现张经理的需求。

【实验原理】

安全审计是对事件进行记录和分析,并针对特定事件采取相应的动作。通过对信息系统的事件进行记录和分析,了解信息系统终端中发生的各类安全事件。终端安全管理系统通过对终端中的软件使用日志、外设使用日志、开关机日志、系统账号日志、文件操作日志、文件打印日志、邮件记录日志,并获取发生此行为的时间、计算机名、IP 地址、登录账号、部门等信息进行审计,达到审计的目的。

终端安全管理系统中的终端审计功能提供了搜索视图和列表视图两种展示模式,来帮助管理员查找关键审计信息。

【实验设备】

主机设备：Windows Server 2008 R2 主机 1 台，Windows 7 主机 1 台，Windows Server 2003 主机 1 台。

网络设备：路由器 1 台，交换机 1 台。

【实验拓扑】

实验拓扑如图 2-203 所示。

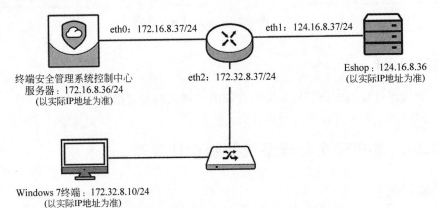

图 2-203　终端安全管理系统终端审计实验拓扑

【实验思路】

（1）配置终端审计策略。

（2）查看审计日志。

【实验步骤】

（1）进入实验所对应的拓扑，登录终端安全管理系统控制中心服务器，如图 2-204 所示。

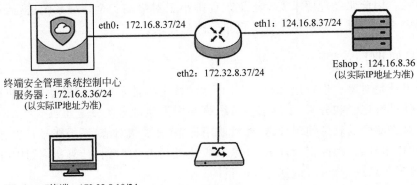

图 2-204　登录终端安全管理系统服务器

（2）使用浏览器访问终端安全管理系统，使用用户名为"admin"，密码为"!1fw@2soc♯3vpn"登录控制中心。单击"策略中心"→"审计策略"→"新建模板"选项，如图 2-205 所示。

图 2-205　审计策略

（3）在"新建策略模板"对话框中，"名称"填写"终端安全管理系统审计策略"，"基于模板"选择"不使用现有模板"，单击"新建"按钮新建模板，创建成功后会弹出成功提示，如图 2-206 所示。

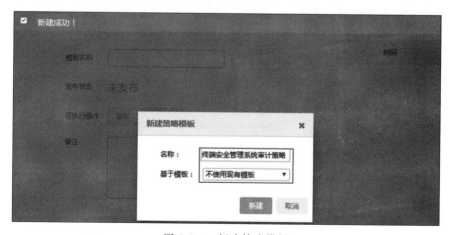

图 2-206　新建策略模板

（4）单击"审计策略"页的"基础日志"标签，选择"软件使用日志"中的"启用策略"单选按钮，如图 2-207 所示。

（5）由于软件使用日志会产生非常多的日志内容，因此会弹出提示，单击"确定"按钮确认开启记录日志功能，如图 2-208 所示。

（6）继续将外设使用日志、开关机日志、系统账号日志全部选择"启用策略"单选按钮，然后单击"保存"按钮保存设置，如图 2-209 所示。

图 2-207 配置基础日志

图 2-208 记录软件使用日志的提示

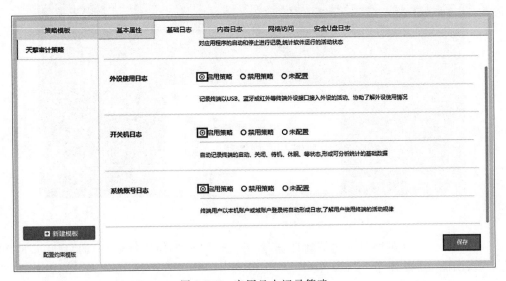

图 2-209 启用日志记录策略

（7）在"审计策略"页面中，单击"网络访问"标签，然后选中"启用策略"单选按钮，如图 2-210 所示。

图 2-210 网络访问策略

（8）启用网络访问日志记录功能也会产生大量的日志，因此会弹出提示，单击"确定"按钮确认开启策略，如图 2-211 所示。

图 2-211 开启日志记录功能提示

（9）在界面中取消勾选"发起访问的进程名"复选框，勾选"访问的 Host 地址"复选框，在下方的 IP 地址栏中填写"124.16.8.36"，单击"＋"按钮，添加该主机 IP 地址后，终端在访问该主机时会记录相关信息，单击"保存"按钮保存设置，如图 2-212 所示。

图 2-212 设置网络访问审计策略

（10）保存成功后，在"审计策略"的"基本属性"页面中，发布该安全策略。

（11）在终端安全管理系统控制中心中的"终端策略"→"审计日志"→"新增策略"中，设置"生效时间"为"所有时间"，"终端生效条件"勾选"在线"和"离线"复选框，"应用模板"选择"终端安全管理系统审计策略"，单击"保存"按钮，完成策略的下发。

【实验预期】

（1）追查违规软件使用情况。

（2）追查违规站点查访问。

【实验结果】

1. 追查违规软件使用情况

（1）进入实验所对应的拓扑，登录 Windows 7 终端，如图 2-213 所示。

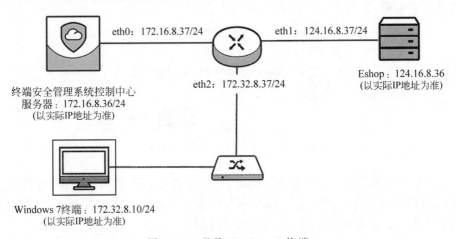

图 2-213　登录 Windows 7 终端

（2）进入操作系统桌面上的实验工具文件夹，运行文件夹中的 Notepad++ 软件，如图 2-214 所示。

图 2-214　运行 Notepad++

（3）在 Notepad++ 软件中新建文件，本实验仅作为测试，文件内容可任意输入，然后关闭软件即可，如图 2-215 所示。

（4）返回终端安全管理系统控制中心服务，单击左侧菜单栏中的"日志报表"→"审计日志"，然后在"日志内容搜索"框中输入"notepad"，并单击放大镜形状的"搜索"按钮，如图 2-216 所示。

（5）搜索出来的内容即为违规软件使用的详细信息，如图 2-217 所示。

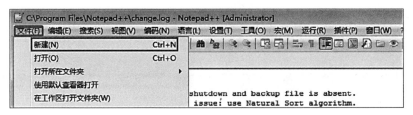

图 2-215 新建文件

图 2-216 搜索软件运行日志

图 2-217 日志信息

2. 追查违规站点查访问

(1) 在 Windows 7 终端中,运行浏览器,在地址栏中输入网址"http://124.16.8.36",访问网站,主要用于生成一些访问记录,然后关闭浏览器即可,如图 2-218 所示。

(2) 返回终端安全管理系统控制中心,单击"日志报表"→"审计日志",在"日志内容搜索"框中输入"124.16.8.36",搜索出的日志内容即为违规站点访问的详细信息,如图 2-219 所示。

(3) 通过对终端安全管理系统中审计功能的配置,可以对管理范围内的终端日志进行审计,可以获取应用程序、网络访问日志等信息,并对其中的内容进行审计,满足实验预期。

图 2-218　访问违规站点

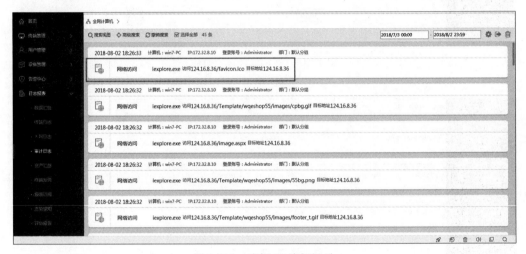

图 2-219　违规 IP 访问记录

【实验思考】

（1）终端安全管理系统是否可以实现对文件访问进行审计？

（2）对于某些特定的进程，终端安全管理系统如何实现审计功能？

2.2.11　终端安全管理系统终端违规外联管理实验

【实验目的】

掌握终端外联管控策略的配置方法。

【知识点】

违规外联配置。

【场景描述】

A 公司为保护研发的软件产品知识产权,要求研发部门使用的终端不允许连接外网。安全运维经理张经理要求对研发部门终端违规外联进行管控,要求安全运维工程师小王通过终端安全管理系统满足相关安全需求,请协助小王配置终端安全管理系统,满足公司的安全需求。

【实验原理】

组织信息系统通常会构建信息安全框架,以满足自身组织机构对信息安全的需求。通过信息安全框架建设的信息安全系统,可以系统地、有组织地保护组织内部信息系统中运行的业务、终端的安全。如果内部终端有意或无意地搭建了与外部网络直接连接的渠道,绕过组织的信息安全系统,有可能导致整个信息系统被恶意攻击和利用,给组织带来经济、信誉等方面的损失。终端安全管理系统通过某些技术手段,例如,域名解析、对传入的 IP 或是网址进行连接等方式,判断内网终端是否与外网连接。如果判断内网终端连接外网成功,根据安全策略设置的处理措施,进行相应的提示、断网或关机处理。

【实验设备】

主机设备:Windows Server 2008 R2 主机 1 台,Windows Server 2003 主机 1 台,Windows XP 主机 1 台。

网络设备:路由器 2 台,交换机 1 台。

【实验拓扑】

实验拓扑如图 2-220 所示。

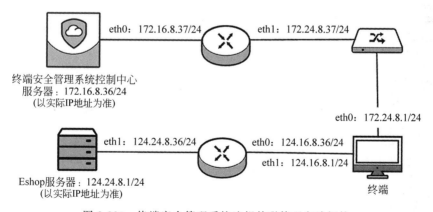

图 2-220　终端安全管理系统违规外联管理实验拓扑

【实验思路】

(1) 配置外联管控模板。

（2）配置规则管理。

（3）配置管控策略。

（4）分析日志。

【实验步骤】

1. 配置外联管控模板

（1）进入实验对应拓扑，登录终端安全管理系统管理服务器，如图 2-221 所示。

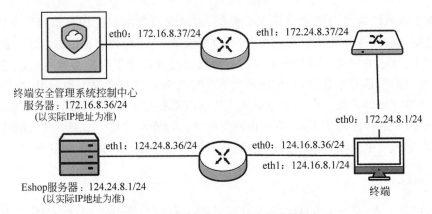

图 2-221　登录终端安全管理系统管理服务器

（2）运行终端安全管理系统控制中心，使用账号"admin"，密码"!1fw@2soc#3vpn"登录终端安全管理系统控制中心。在"策略中心"的"管控策略"中新建模板，名称为"违规外联"，其他配置保持默认。单击"违规外联"标签，单击"启用策略"，将"外联设备控制"一栏的所有选项都设为禁用状态，如图 2-222 所示。

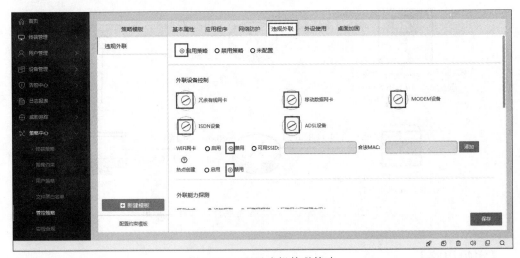

图 2-222　配置违规外联策略

（3）在"外联能力探测"一栏中，选择"终端探测""PING 探测地址"单选按钮，"探测间隔"填写"5 秒"，设置完毕之后，单击"新增"按钮，如图 2-223 所示。

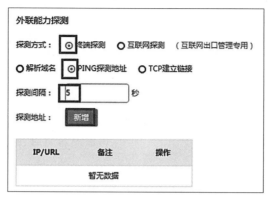

图 2-223 配置外联探测

（4）在弹出的"探测地址"对话框中，IP/URL 处填写"124.24.8.1"，单击"确认"按钮添加该 IP 地址，如图 2-224 所示。

图 2-224 配置探测 URL

（5）"违规外联措施"一栏中，"终端同时连接内外网时的违规处理"中选择"断开网络（重启后恢复）"单选按钮，并在"提示"中输入"请立即停止违规同时连接内外网！"，其他保持默认设置，单击"保存"按钮，如图 2-225 所示。

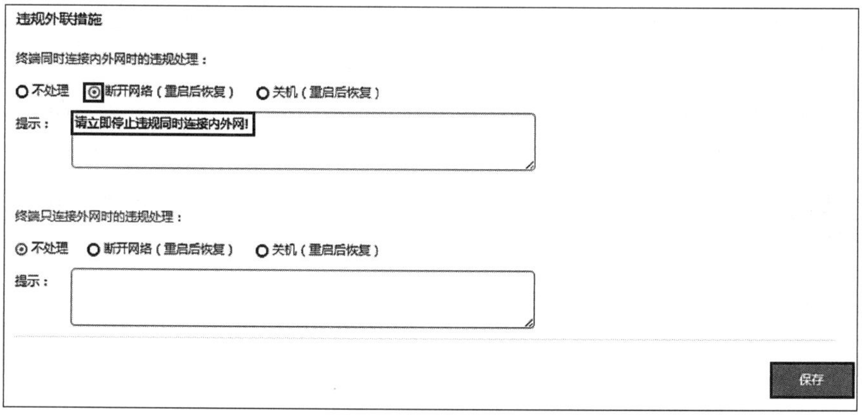

图 2-225 配置违规外联措施

（6）保存违规外联策略后，发布该策略。

2. 配置规则管理

在终端安全管理中心页面中，在"策略中心"的"规则管理"中添加规则。规则名称填写"违规外联"，类型选择"操作系统"，条件选择"＝＝"，匹配条件选择 Windows XP。

【实验预期】

（1）在未配置终端策略时，终端可同时访问内网、外网。

（2）配置完成终端策略后，终端无法访问外网。

（3）通过终端安全管理系统管理中心日志报表可以查看到详细的违规信息。

【实验结果】

1. 在未配置终端策略时，终端可同时访问内网、外网

（1）进入实验对应拓扑，登录右下方的 Windows XP 终端，如图 2-226 所示。

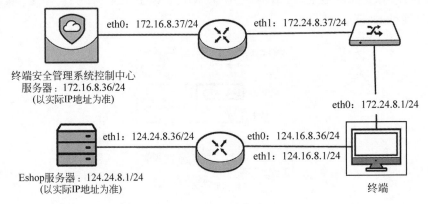

图 2-226　登录终端

（2）运行浏览器，在地址栏中输入网址"http://124.24.8.1"，可以正常访问 Eshop 商城网站，如图 2-227 所示。

图 2-227　访问外网网站

（3）在浏览器中新建标签页，输入内网终端安全管理系统客户端下载地址"http://172.16.8.36"，表明可以正常访问内网，如图 2-228 所示。

图 2-228　访问内网网站

（4）返回终端安全管理系统控制中心，单击"策略中心"→"终端策略"，在"运维管控"选项卡中新增策略。策略应用规则选择"违规外联"，生效时间选择"所有时间"，终端生效条件勾选"在线"和"离线"，应用模板选择"违规外联"，保存配置的策略。

2. 配置完成终端策略后，终端无法访问外网

（1）进入实验对应拓扑，登录右下方终端，如图 2-229 所示。

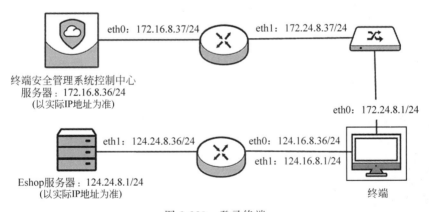

图 2-229　登录终端

（2）重新运行浏览器，在地址栏中输入外网网址"http://124.24.8.1"，此时已无法访问，右下角会弹出违规提示，如图 2-230 所示。

（3）在浏览器中新建标签页，输入内网终端安全管理系统客户端下载网址"http://172.16.8.36"，可以正常访问。

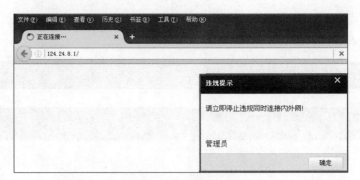

图 2-230　无法访问外网网站

3. 通过终端安全管理系统管理中心日志报表可以查看到详细的违规信息

（1）进入实验对应拓扑，登录终端安全管理系统管理服务器，如图 2-231 所示。

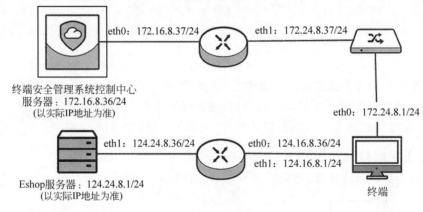

图 2-231　登录终端安全管理系统管理服务器

（2）在终端安全管理系统中，单击"日志报表"→"终端日志"，在类别处选择"告警事件"，然后单击"查询"按钮，可以查看告警事件的统计，如图 2-232 所示。

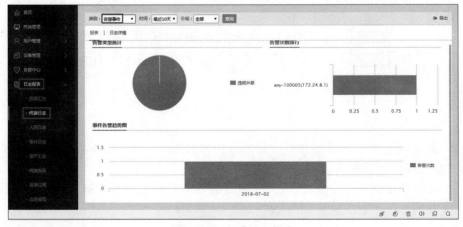

图 2-232　查看日志报表

（3）单击"告警类型统计"的扇形统计图,会弹出详细的告警日志信息,如图 2-233 所示。

图 2-233 违规外联详细信息

（4）通过设置违规外联安全策略,测试内网终端是否与外网连接,判断是否违规操作,并对此类操作进行告警和联动动作,同时日志记录以备审计使用,满足实验预期。

【实验思考】

（1）对于组织信息系统内部不同部门,终端安全管理系统如何实现对指定部门的终端设备的违规外联进行管控?

（2）对于违规外联,如何通过外部设备对违规外联进行管控?

2.2.12 终端安全管理系统终端插件管理实验

【实验目的】

掌握终端安全管理系统控制中心的插件管理功能的使用方法,以及删除插件、添加信任插件、添加信任主机的操作。

【知识点】

终端插件管理。

【场景描述】

A 公司安全运维工程师小王在日常运维巡检时,发现内网用户存在随意安装网站、软件插件等现象,内网用户计算机插件种类众多,不易管理。小王向安全运维部张经理汇报后,公司要求对内网终端进行一次插件清理,请协助小王利用终端安全管理系统的插件管理功能实现对内网终端插件管理的需求。

【实验原理】

终端安全管理系统控制中心提供了对终端插件管理功能,通过此功能可以对终端插件进行完全管理。

【实验设备】

主机设备:Windows Server 2008 R2 主机 1 台,Windows 7 主机 1 台。

网络设备：交换机 1 台。

【实验拓扑】

实验拓扑如图 2-234 所示。

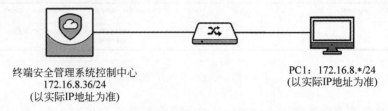

终端安全管理系统控制中心
172.16.8.36/24
（以实际IP地址为准）

PC1：172.16.8.*/24
（以实际IP地址为准）

图 2-234　终端安全管理系统终端插件管理实验拓扑

【实验思路】

（1）设置可信主机。

（2）取消可信主机。

（3）管理插件。

（4）清理插件。

（5）查看日志。

【实验步骤】

1. 设置可信主机

（1）进入实验对应拓扑，登录终端安全管理系统控制中心服务器，如图 2-235 所示。

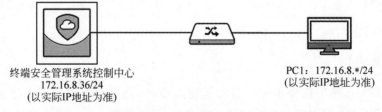

终端安全管理系统控制中心
172.16.8.36/24
（以实际IP地址为准）

PC1：172.16.8.*/24
（以实际IP地址为准）

图 2-235　登录终端安全管理系统控制中心服务器

（2）使用浏览器访问终端安全管理系统，使用用户名为"admin"，密码为"!1fw@2soc
♯3vpn"登录控制中心，单击"终端管理"的"插件管理"，会显示"按终端显示"和"按插件
显示"选项，单击"按终端显示"，如图 2-236 所示。

（3）在"按终端显示"页面可以看到终端的插件情况，由于还没有对该终端的插件情
况进行扫描，所以插件数量为 0，如图 2-237 所示。

（4）勾选终端 win7-PC，单击"信任"按钮，将该终端加入信任列表，后续将不会再扫
描此终端的插件，如图 2-238 所示。

图 2-236　按终端显示

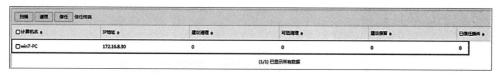

图 2-237　终端插件情况

图 2-238　加入信任列表

（5）刷新当前页面后，可以看到加入信任的终端已经从当前页面移除了，如图 2-239 所示。

图 2-239　刷新后页面

（6）单击上方的"信任终端"，如图 2-240 所示。

图 2-240　单击"信任终端"

（7）在"信任区"对话框中可以看到刚才选择的终端 win7-PC 已在信任列表中，如图 2-241 所示。

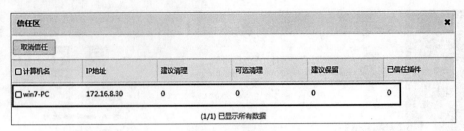

图 2-241　信任列表

2. 取消可信主机

（1）勾选 win7-PC 终端，单击"取消信任"按钮，把 win7-PC 终端移出信任区，操作成功后会出现"操作成功"提示，如图 2-242 所示。

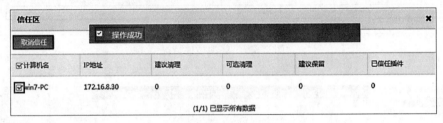

图 2-242　取消信任

（2）单击"信任区"对话框右上角的"×"按钮关闭对话框，页面会自动刷新，可以看到 win7-PC 终端在管理页面中已经可见，如图 2-243 所示。

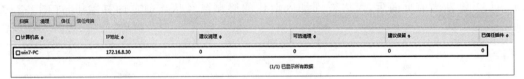

图 2-243　终端列表

3. 管理插件

（1）选择需要扫描的终端，勾选 win7-PC 终端，单击"扫描"按钮，对选中的终端执行插件扫描操作，如图 2-244 所示。

图 2-244　扫描选定的终端

（2）扫描过程大约需要等待 3 分钟左右，刷新当前页面后可以看到终端 win7-PC 的插件数量发生变化，"可选清理"的插件数量变为 3，"建议保留"的插件数量变为 5，共计 8

个插件,单击"清理"按钮清理终端的插件,如图 2-245 所示。

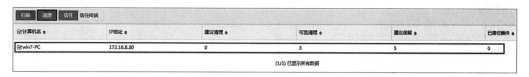

图 2-245　插件情况

（3）在弹出对话框中,可以选择清理插件的选项,因为此时看不到插件的详细信息,所以不建议在此处清理插件,此处仅作展示,如图 2-246 所示。

图 2-246　插件清理选项

（4）在终端安全管理系统界面,在"终端管理"的"插件管理"选项上,单击"按插件显示",如图 2-247 所示。

图 2-247　按插件显示

（5）在此页面可以看到所有的插件以及插件的描述,还有安装此插件的终端数量等,如图 2-248 所示。

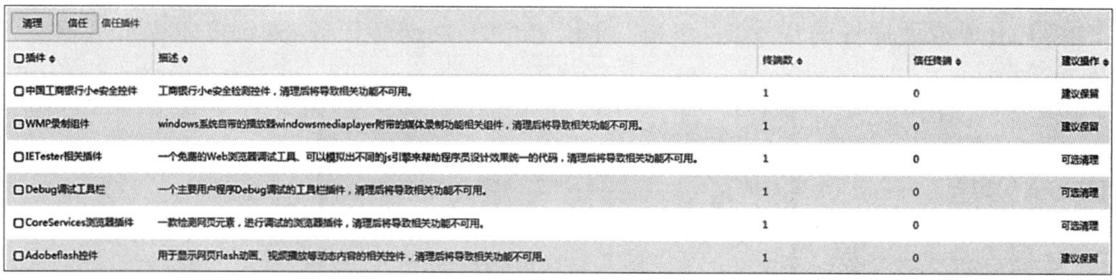

插件	描述	终端数	信任终端	建议操作
中国工商银行小e安全控件	工商银行小e安全检测控件,清理后将导致相关功能不可用。	1	0	建议保留
WMP录制组件	windows系统自带的播放器windowsmediaplayer附带的媒体录制功能相关组件,清理后将导致相关功能不可用。	1	0	建议保留
IETester相关插件	一个免费的Web浏览器调试工具,可以模拟出不同的js引擎来帮助程序设计员设计统一的代码,清理后将导致相关功能不可用。	1	0	可选清理
Debug调试工具栏	一个主要用于程序Debug调试的工具栏插件,清理后将导致相关功能不可用。	1	0	可选清理
CoreServices浏览器插件	一款检测网页元素,进行调试的浏览器插件,清理后将导致相关功能不可用。	1	0	可选清理
Adobeflash控件	用于显示网页Flash动画、视频播放等动态内容的相关控件,清理后将导致相关功能不可用。	1	0	建议保留

图 2-248　插件列表

（6）勾选其中的"CoreService 浏览器插件",单击"信任"按钮,会将该插件加入信任区,如图 2-249 所示。

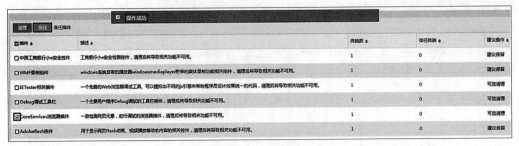

图 2-249　信任插件

（7）刷新当前页面之后，可以看到插件管理页面已经没有"CoreService 浏览器插件"，表明该插件已归类到信任插件类别中，如图 2-250 所示。

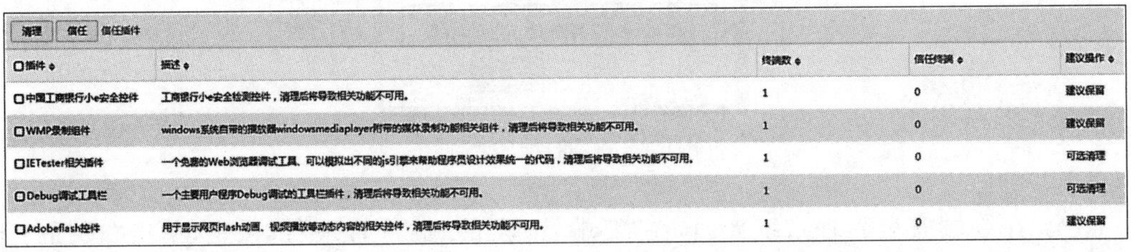

图 2-250　插件管理信息

（8）勾选"IETester 相关插件"和"Debug 调试工具栏"两个插件，单击上方的"清理"按钮，如图 2-251 所示。

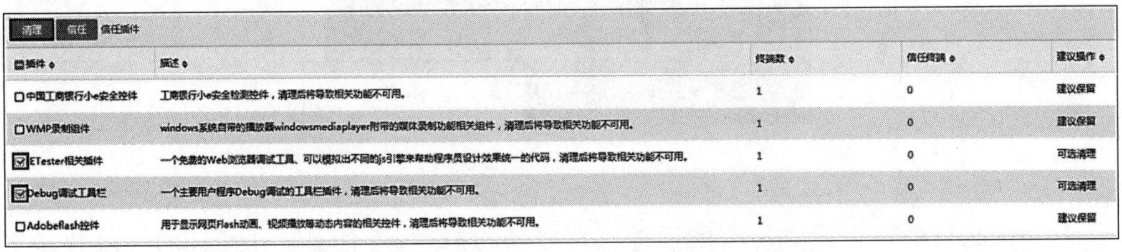

图 2-251　清理插件操作

（9）出现清理插件的提示框，单击"确定"按钮下发操作任务，如图 2-252 所示。

图 2-252　确定清理插件操作

【实验预期】

（1）可信插件显示在信任插件列表。

（2）插件清理成功。

（3）插件清理详情在日志中显示。

【实验结果】

（1）在插件管理界面中，单击"信任插件"链接，如图 2-253 所示。

图 2-253　信任插件

（2）在信任区可以看到添加信任的插件"CoreService 浏览器插件"，如图 2-254 所示。

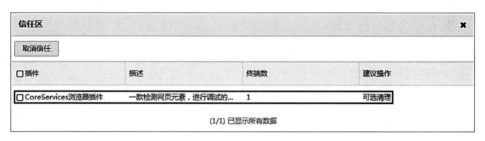

图 2-254　插件信息

（3）终端安全管理系统客户端（PC1 终端要处于开机运行状态并保持在线状态）需要与控制中心同步安全策略，并执行相关的安全策略。大约等待 2 分钟左右后，刷新页面，可以看到"IETester 相关插件"和"Debug 调试工具栏"已经被清理了，如图 2-255 所示。

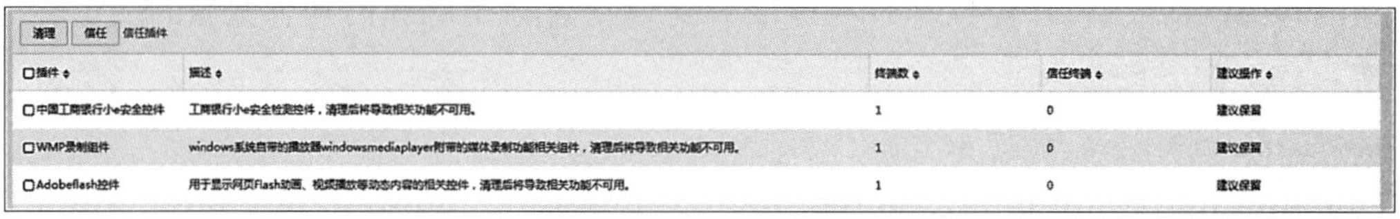

图 2-255　插件信息

（4）进入终端安全管理系统控制中心的"日志报表"中的"终端日志"，"类别"选择"插件管理"查看插件管理日志，单击"查询"按钮，可以筛选出插件信息。从上方的"插件趋势图"可以看到插件情况，把光标移至当天的橙色折线（图中最上方折线）的折点处，可以看到发现的插件数量为 8，如图 2-256 所示。

（5）将光标移至蓝色折线（图中中部折线）的折点处，可以看到已清理的插件数量为 2，如图 2-257 所示。

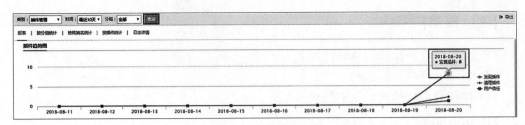

图 2-256　选择插件管理

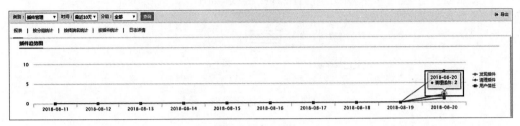

图 2-257　已清理插件数量

（6）将光标移至红色折线（图中方框最下方折线）的折点处，可以看到用户信任插件数量为 1，如图 2-258 所示。

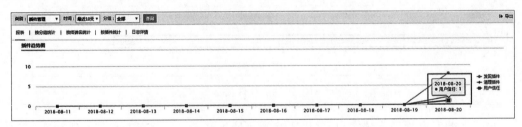

图 2-258　信任插件数量

（7）从插件数量排行榜中可以看到清理的插件名称及数量，分组排行可以看到每个分组清理的插件数量，计算机排行榜可以看到终端名称及清理的插件数量，如图 2-259 所示。

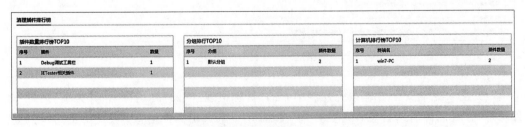

图 2-259　清理插件排行榜

（8）单击"日志详情"可以查看详细的日志，如图 2-260 所示。

（9）在日志详情页可以看到发现了 8 个插件，包含对"CoreService 浏览器插件"

"IETester 相关插件"和"Debug 调试工具栏"三个插件的操作记录，如图 2-261 所示。

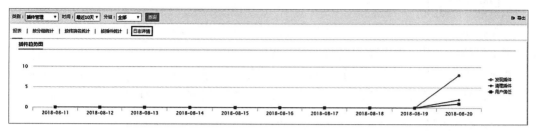

图 2-260　查看日志详情

时间	计算机	IP地址	分组	插件名称	操作
2018-08-20 11:53:20	win7-PC	172.16.8.30	默认分组	IETester相关插件	清理
2018-08-20 11:53:20	win7-PC	172.16.8.30	默认分组	Debug调试工具栏	清理
2018-08-20 11:52:45	win7-PC	172.16.8.30	默认分组	CoreServices浏览器插件	信任
2018-08-20 11:52:10	win7-PC	172.16.8.30	默认分组	中国工商银行小e安全控件	发现
2018-08-20 11:52:10	win7-PC	172.16.8.30	默认分组	WMP录制组件	发现
2018-08-20 11:52:10	win7-PC	172.16.8.30	默认分组	Adobeflash控件	发现
2018-08-20 11:52:10	win7-PC	172.16.8.30	默认分组	360软件管家网络控件	发现
2018-08-20 11:52:08	win7-PC	172.16.8.30	默认分组	CoreServices浏览器插件	发现
2018-08-20 11:52:08	win7-PC	172.16.8.30	默认分组	IETester相关插件	发现
2018-08-20 11:52:08	win7-PC	172.16.8.30	默认分组	Debug调试工具栏	发现
2018-08-20 11:52:08	win7-PC	172.16.8.30	默认分组	360防火墙功能模块	发现

(11/11) 已显示所有数据

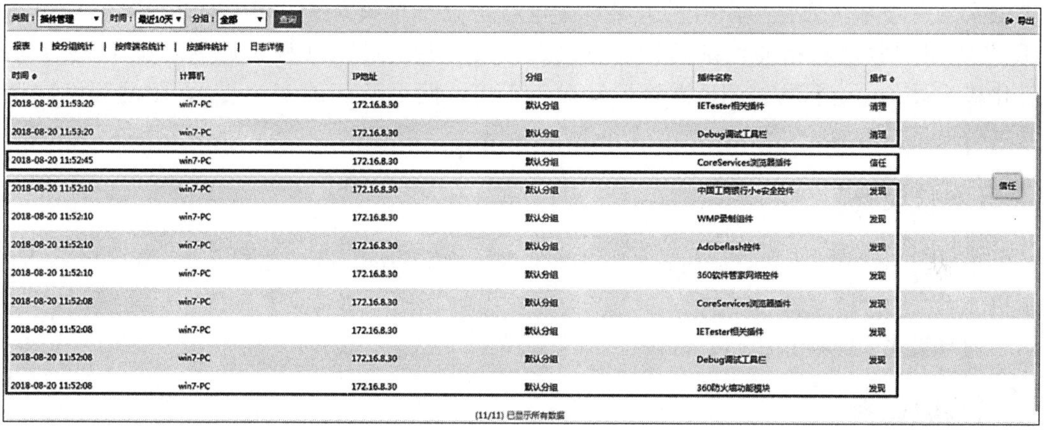

图 2-261　插件日志详情

（10）终端安全管理系统通过对管理范围内的终端运行插件信任、清理等操作，完成对插件的管理功能。通过日志记录功能，也可以实现对插件操作过程的日志记录和审计，满足实验预期。

【实验思考】

（1）如果想把插件从信任区中移除，如何操作？

（2）对于某些终端需要运行的特定插件应如何管理？

2.2.13　终端安全管理系统系统修复实验

【实验目的】

通过配置和使用终端安全管理系统的系统修复功能，掌握对安装终端安全管理系统客户端的系统的修复方法。

【知识点】

系统修复，系统修复日志查看。

【场景描述】

A 公司发现部门中个别终端出现被恶意攻击的现象,安全运维经理张经理安排安全运维工程师小王对内网出现问题的终端进行一次快速系统修复检查,检查内网终端的安全威胁。小王需要使用终端安全管理系统的系统修复功能进行快速检测,而对于因需定制的信任终端不进行快速检测。请帮助小王对内网终端进行系统修复的快速检测。

【实验原理】

某些恶意代码会修改终端的一些设置,如添加恶意插件、修改系统设置等恶意操作。终端安全管理系统通过对系统的关键设置进行检查来抵御此类攻击,检查内容主要包括 IE 主页、IE 加载项、指向网址的快捷方式、无效的快捷方式、文件扩展名隐藏等,还包括优化移动设备的运行方式、IE 浏览器针对 HTTPS 网页访问的安全提示、驱动开发调试开关等项目的修复。

【实验设备】

主机设备:Windows Server 2008 R2 主机 1 台,Windows 7 主机 1 台,Windows XP 主机 1 台。

网络设备:交换机 1 台。

【实验拓扑】

实验拓扑如图 2-262 所示。

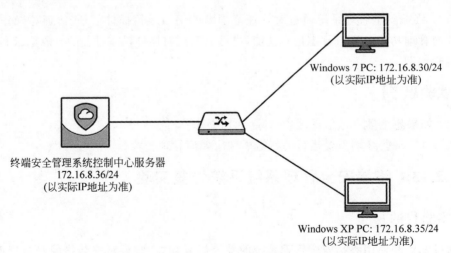

图 2-262　终端安全管理系统系统修复实验拓扑

【实验思路】

(1) 终端安装终端安全管理系统。

（2）扫描系统可优化项，并一键修复。

（3）查看系统修复日志。

【实验步骤】

（1）进入实验对应拓扑，登录 Windows 7 PC 终端，选择用户 Administrator，输入密码 123456 进入系统，如图 2-263 所示。

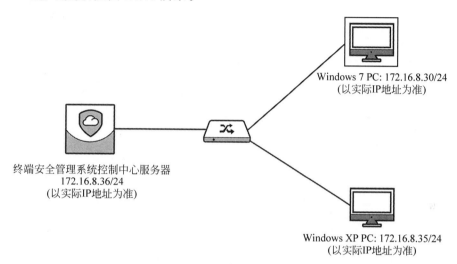

图 2-263　登录 Windows 7 PC 终端

（2）运行 IE 浏览器，输入地址 172.16.8.36 访问终端安全管理系统部署页面，单击"适用于 Windows 7"下载终端安全管理系统客户端，按照默认设置安装客户端。

（3）进入实验对应拓扑，登录 Windows XP PC 终端，如图 2-264 所示。

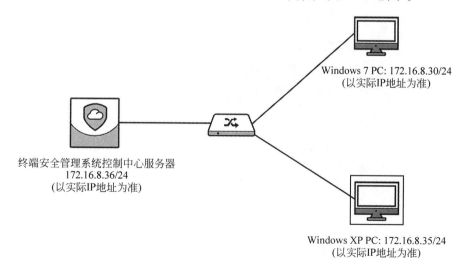

图 2-264　登录 Windows XP PC 终端

（4）运行 Firefox 浏览器，在地址栏中输入"172.16.8.36"访问终端安全管理系统部署页面,单击"适用于 Windows XP"下载终端安全管理系统客户端,按照默认设置安装客户端。

（5）进入实验对应拓扑,登录终端安全管理系统控制中心服务器,如图 2-265 所示。

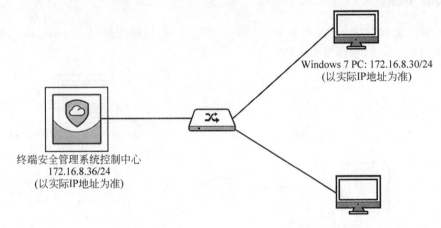

图 2-265　登录终端安全管理系统控制中心

（6）使用浏览器访问终端安全管理系统,使用用户名为"admin",密码为"!1fw@2soc♯3vpn"登录控制中心。单击"终端管理"→"系统修复"→"按终端显示"进入系统修复页面,如图 2-266 所示。

图 2-266　进入系统修复页面

（7）在系统修复页面,可以看到前述步骤中两台终端的信息。对于内网中不需要扫描的终端,可以将其加入信任列表。勾选计算机名为 any-100005 的终端,单击上方的"信任"按钮,将该终端加入信任列表,如图 2-267 所示。

图 2-267　添加信任主机

（8）添加信任主机并刷新页面后，页面会显示未加入信任终端列表，勾选其中的
win7-PC，单击上方的"扫描"按钮，对该终端进行系统扫描，如图 2-268 所示。

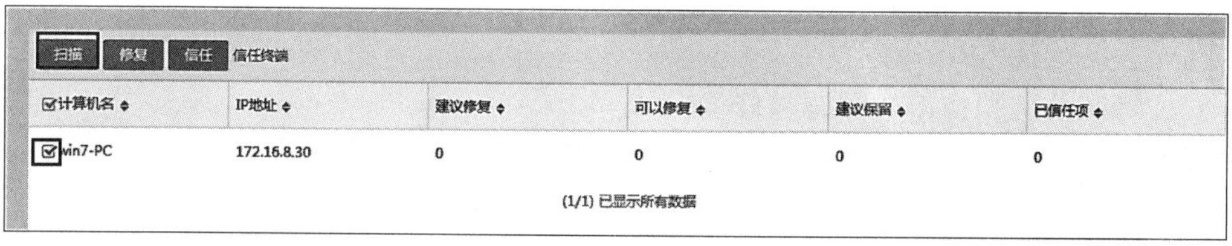

图 2-268　扫描选择的终端系统

（9）操作成功后，等待 10s 左右刷新此页面，可以看到 win7-PC 的"可以修复"一列数
量由 0 变为 4（具体数量以实际为准），说明有 4 个可以修复的问题，如图 2-269 所示。

图 2-269　扫描结果

（10）将光标移至"终端管理"→"系统修复"→"按项目显示"，如图 2-270 所示。

图 2-270　按项目显示

（11）在页面中可以看到扫描后查找到的问题详情，以及和有此问题的终端数量，如
图 2-271 所示。

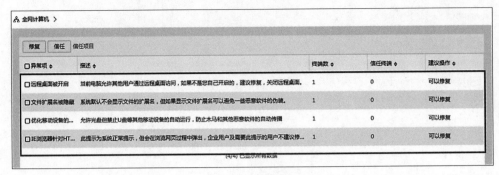

图 2-271　系统可优化项目

【实验预期】

（1）终端系统扫描出的问题被修复。

（2）系统修复日志可以查看扫描日志和修复日志。

【实验结果】

1. 终端系统扫描出的问题被修复

（1）在终端安全管理系统中，返回"终端管理"→"系统修复"→"按终端显示"页面，勾选 win7-PC 终端，单击上方的"修复"按钮，如图 2-272 所示。

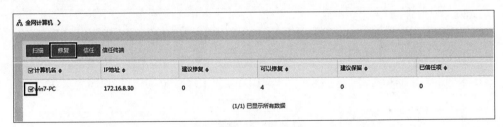

图 2-272　修复终端问题

（2）由于扫描结果中"建议修复"和"建议保留"数量为 0，因此在弹出的"设置"页面中，修复选项仅勾选"可以修复"复选框，单击"确定"按钮开始修复，如图 2-273 所示。

图 2-273　修复选项

（3）等 30 秒左右刷新此页面，可以看到"可以修复"一列的数量已经变为 0，说明修复成功，如图 2-274 所示。

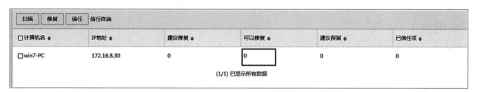

图 2-274　修复结果

2. 系统修复日志可以查看扫描日志和修复日志

（1）在终端安全管理系统控制中心，单击"日志报表"→"终端日志"进入终端日志查看页面，日志类别选择"系统修复"，单击"查询"按钮搜索系统修复日志，在搜索出的日志内容中，由折线图可以看到发现和修复项目都为4（两条曲线重叠），在下半部分可以看到修复的项目的详细信息及终端信息，如图 2-275 所示。

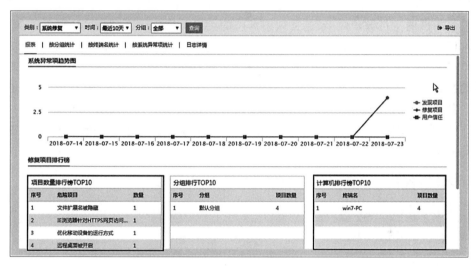

图 2-275　系统修复日志

（2）终端安全管理系统可以对管理范围内的终端进行系统修复扫描，并对扫描出有问题的终端进行修复，并记录在日志信息中，用于记录和审计。对内网不需要进行扫描的终端，添加信任主机后，不列入扫描范围，满足实验预期。

【实验思考】

（1）如果多台终端一起扫描，那么花费的时间会变长吗？

（2）系统修复扫描方式是以什么样的方式进行的？

2.2.14　终端安全管理系统终端安全评估报告实验

【实验目的】

掌握终端安全管理系统的终端评估报告功能配置和使用方法。

【知识点】

数据价值评估,沦陷迹象评估,配置脆弱评估。

【场景描述】

A 公司部署终端安全管理系统后,需要对公司信息系统进行一次总体安全评估,主要从数据价值、沦陷迹象、脆弱性方面进行评估。安全运维部张经理要求安全运维工程师小王负责具体工作,主要工作内容包括对公司内网的所有主机进行数据价值评估,找出数据价值比较高的主机;进行沦陷迹象评估,查找出有可能沦陷的主机;最后进行配置脆弱评估,找出内网配置不当的主机。请协助小王进行综合评估的配置。

【实验原理】

公司内网的主机数量众多,通常敏感部门的主机价值比较高,如人事、财务等部门,当这些价值比较高的主机沦陷时对公司来说损失会非常大。所以终端安全管理系统控制中心提供了一个综合评估功能,可以对主机进行各方面的评估。配置脆弱评估,可以对内网终端的配置及设置进行检查以便帮助修复问题。终端安全管理系统会对终端主机上的文件或者其他类型的数据进行检查,当数量比较多时则认为此终端数据价值比较高。沦陷迹象评估会对终端的用户账户、IE 浏览记录、终端行为迹象等进行分析,以确定终端是否有沦陷的可能。

【实验设备】

主机设备:Windows Server 2008 R2 主机 1 台,Windows 7 主机 1 台。
网络设备:交换机 1 台。

【实验拓扑】

实验拓扑如图 2-276 所示。

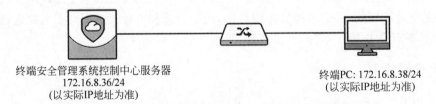

终端安全管理系统控制中心服务器
172.16.8.36/24
(以实际IP地址为准)

终端PC: 172.16.8.38/24
(以实际IP地址为准)

图 2-276 终端安全管理系统终端安全评估报告实验拓扑

【实验思路】

(1) 配置脆弱评估模板与任务。
(2) 配置数据价值评估模板与任务。
(3) 配置沦陷迹象评估模板与任务。

【实验步骤】

（1）进入实验对应拓扑，登录终端安全管理系统控制中心服务器，如图 2-277 所示。

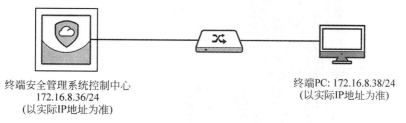

终端安全管理系统控制中心　　　　　　　　　　　　终端PC: 172.16.8.38/24
172.16.8.36/24　　　　　　　　　　　　　　　　　（以实际IP地址为准）
（以实际IP地址为准）

图 2-277　登录控制中心服务器

（2）使用浏览器访问终端安全管理系统，使用用户名"admin"，密码"！1fw@2soc♯3vpn"登录控制中心，单击"策略中心"→"终端策略"进入终端策略配置页面，单击"基本设置"中的"终端定制"标签，勾选"数据价值评估""配置脆弱评估"和"沦陷迹象评估"3 个复选框，单击"保存"按钮保存设置，如图 2-278 所示。

图 2-278　配置评估选项

（3）单击"策略中心"→"综合评估"→"配置脆弱评估"，进入配置脆弱评估配置页面，新建评估模板，模板名称输入"脆弱评估模板"，单击右侧的"＋"号按钮，如图 2-279 所示。

（4）模板创建成功后，开始配置评估模板的详细策略。可以从身份鉴别、安全审计、访问控制、资源控制和入侵防范 5 个方面去根据实际需求配置策略，本实验采用默认模板，单击"保存"按钮即可，如图 2-280 所示。

（5）配置完评估模板后，单击"评估任务"标签，切换至评估任务配置界面，单击下方的"新建任务"按钮添加新的评估任务，如图 2-281 所示。

（6）在弹出的"新建任务"界面中，"任务类型"选择"常规任务"，"任务名称"输入"脆弱评估任务"，"评估模板"选择新建的"脆弱评估模板"，"日志上报"选择"上报"单选按钮，"任务执行方式"选择"手动执行"单选按钮，单击"确定"按钮保存配置，如图 2-282 所示。

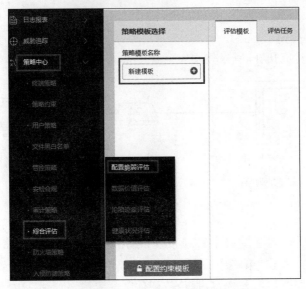

图 2-279　进入配置脆弱评估

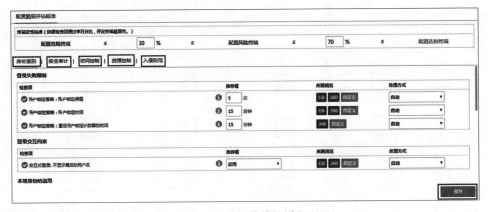

图 2-280　配置评估模板详细配置

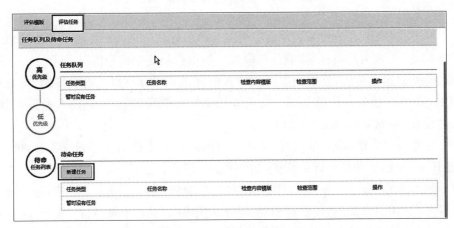

图 2-281　新建评估任务

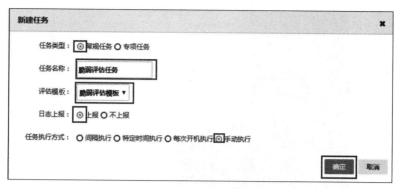

图 2-282 新建评估任务配置

（7）配置完成后，该任务会出现在"待命任务"一栏中，单击该任务同一行的"启用"链接，执行此任务，如图 2-283 所示。

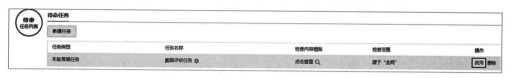

图 2-283 启用任务

（8）此时会弹出提示，单击"确定"按钮执行该任务，如图 2-284 所示。

图 2-284 执行任务提示

（9）启用完成后，在上方的"当前正在进行"任务栏中，可以看到之前新建的评估任务正在执行中，如图 2-285 所示。

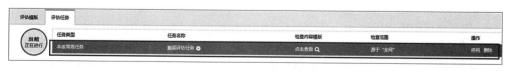

图 2-285 脆弱评估任务状态

（10）单击"策略中心"→"综合评估"→"数据价值评估"选项，进入数据价值评估页面，新建策略模板名称为"数据价值评估模板"，如图 2-286 所示。

（11）数据价值评估模板主要从检查范围和检查条件两个方面设置。检查范围选项可以设置优先检查路径、忽略路径、检查文件类型和其他配置，如图 2-287 和图 2-288所示。

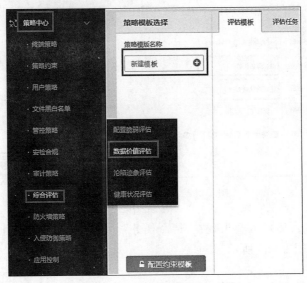

图 2-286　配置数据价值评估

图 2-287　数据价值评估模板配置

图 2-288　其他配置选项

（12）"检查条件"主要有数据内容检查、数据类型检查、文件名黑名单和文件归类 4 个设置类型，如图 2-289 所示。

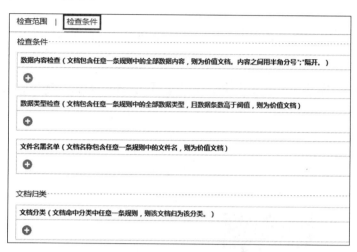

图 2-289　检查条件信息

（13）单击"数据内容检查"下面的绿色加号，然后在右侧的输入框中输入"企业安全"，回车或单击"＋"号添加规则，如图 2-290 所示。

图 2-290　添加检查条件

（14）规则名称添加完成后，在旁边的输入框中添加规则内容，输入"奇安信企业安全集团"，单击"保存"按钮，如图 2-291 所示。

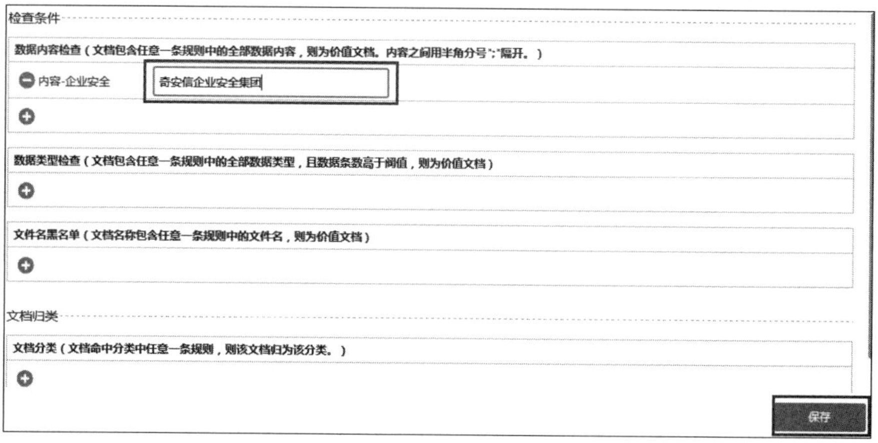

图 2-291　添加检查内容规则

（15）保存数据价值评估模板后，单击"评估任务"标签，切换至任务配置页面，新建常规任务名称为"价值评估任务"，评估模板选择"价值评估模板"，日志上报勾选"上报"选项，任务执行方式选择"手动执行"，并启用此任务。

（16）启用完成后可以在上方的当前正在进行任务中看到启用的任务，如图 2-292 所示。

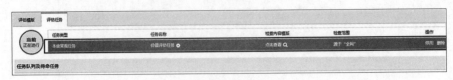

图 2-292　数据价值评估任务列表

（17）单击"策略中心"→"综合评估"→"沦陷迹象评估"，进入沦陷迹象评估界面，添加新的模板，名称为"沦陷迹象评估模板"，如图 2-293 所示。

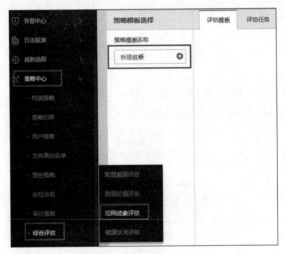

图 2-293　沦陷迹象评估

（18）沦陷迹象评估模板内已经预置了大量的检查项与检查项的阈值，可以根据实际情况修改，本实验中不做修改，直接使用默认设置即可，单击"保存"按钮，如图 2-294 所示。

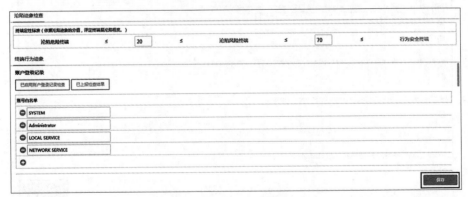

图 2-294　保存沦陷迹象评估模板

（19）新建沦陷迹象评估模板后，单击右侧"评估任务"标签页切换至任务配置界面，新建常规任务名称为"沦陷迹象评估任务"，评估模板选择"沦陷迹象评估模板"，日志上报勾选"上报"选项，任务执行方式选择"手动执行"，单击"确定"按钮保存并启用此任务，任务启用后可以在上方的当前正在运行栏中找到启用的任务，如图 2-295 所示。

图 2-295　沦陷迹象评估任务列表

【实验预期】

（1）查看脆弱配置评估报告。

（2）查看数据价值评估报告。

（3）查看沦陷迹象评估报告。

【实验结果】

1. 查看脆弱配置评估报告

（1）在终端安全管理系统中，单击"日志报表"→"评估报告"→"配置脆弱评估"，查看配置脆弱评估报告，如图 2-296 所示。

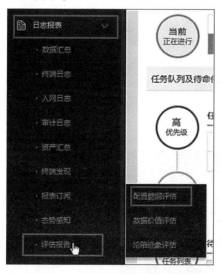

图 2-296　查看配置脆弱评估报告

（2）任务名称选择"脆弱评估任务"，"日志起始时间"选择下发任务的日期，"日志截止时间"选择当前时间，单击"查询日志"按钮，如图 2-297 所示。

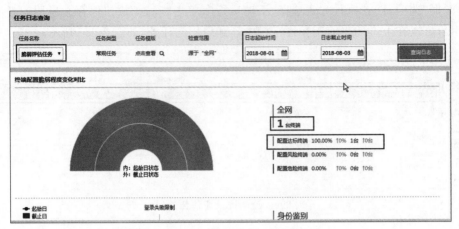

图 2-297　脆弱评估报告详情

（3）向下方滚动页面，可以看到报告的详细信息。例如，登录失败限制、账户管理审核、网络访问控制等信息，如图 2-298 所示。

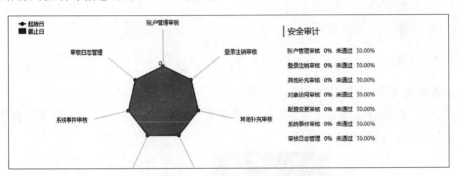

图 2-298　安全审计日志

2. 查看数据价值评估报告

（1）单击"日志报表"→"评估报告"→"数据价值评估"，进入数据价值评估报告页面，如图 2-299 所示。

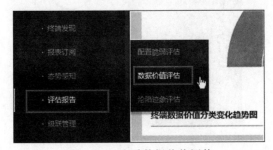

图 2-299　查看数据价值评估

（2）"展示模式"选择"统计报表模式"，"任务名称"选择"数据价值评估模板"，"日志起始时间"设置为下发任务当天，"日志截止时间"设置为当前日期，单击"查询日志"按钮，如图 2-300 所示。

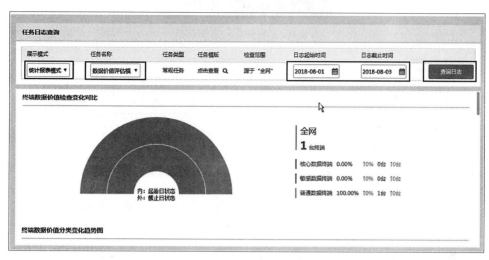

图 2-300　查询数据价值报告

（3）向下方滚动页面，可以看到更详细的信息，包括起始日终端数据价值分类百分比、截止日终端数据价值分类百分比等，如图 2-301 所示。

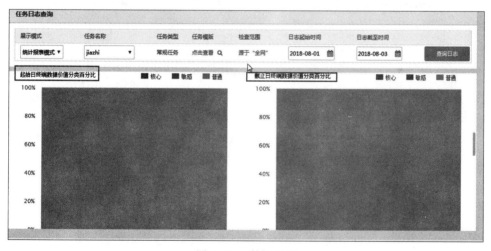

图 2-301　数据图表

3. 查看沦陷迹象评估报告

（1）单击"日志报表"→"评估报告"→"沦陷迹象评估"，进入沦陷迹象评估报告查看页面，如图 2-302 所示。

（2）"任务名称"选择"沦陷迹象评估"，"日志起始时间"选择任务下发日期，"日志截止时间"选择当前日期，单击"查询日志"按钮，如图 2-303 所示。

图 2-302 查看沦陷迹象评估

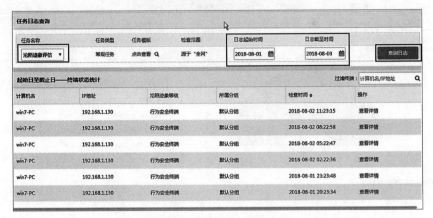

图 2-303 查询沦陷迹象日志

（3）单击一条记录右侧的"查看详情"链接可以查看详细信息，如图 2-304 所示。

图 2-304 查看沦陷迹象详情

（4）在页面中可以看到账户登录记录、U 盘使用记录、最近打开文档等记录，如图 2-305 所示。

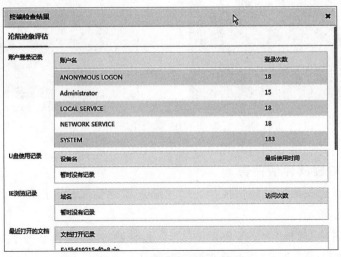

图 2-305 沦陷迹象日志详情

（5）终端安全管理系统通过对管理范围内终端进行数据价值、沦陷迹象、配置脆弱性评估，可以获取内网终端总体安全情况，并生成相关的报表以便查看，可为调整信息系统的安全策略提供参考信息，满足实验预期。

【实验思考】

（1）如果管理员需要定期执行沦陷迹象评估，应该如何配置相关设置呢？

（2）在配置脆弱性评估参数中，都有哪些选项与访问控制有关？

2.3 单点维护管理

2.3.1 终端安全管理系统单点应用程序管理实验

【实验目的】

掌握对单个终端的信息收集及异常处理方法。

【知识点】

单点维护、进程列表、软件信息、消息通知。

【场景描述】

A 公司安全运维工程师小王收到同事报修，根据反映的情况，怀疑该台终端已被攻击，可能被安装了非法软件。由于该终端和小王不在同一个办公区，小王需要利用终端安全管理系统的单点维护功能，远程查看并处置该终端的问题，协助该同事检查该终端的软件安装情况。请协助小王利用单点应用程序管理功能检查有问题的终端。

【实验原理】

终端安全管理系统对单台终端具有全面的安全运维管理功能，通过远程读取终端注册表、设备管理等方面的信息，可以获取终端中运行的包含进程列表、软件信息、消息通知等方面的信息，并利用远程安全管理下发的功能，对相关的控制项进行管理，实现远程管控的目的。

【实验设备】

主机设备：Windows Server 2008 R2 主机 1 台，Windows 7 主机 1 台。

网络设备：交换机 1 台。

【实验拓扑】

实验拓扑如图 2-306 所示。

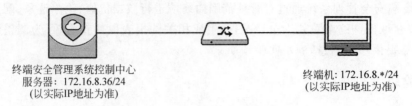

终端安全管理系统控制中心
服务器：172.16.8.36/24
（以实际IP地址为准）

终端机：172.16.8.*/24
（以实际IP地址为准）

图 2-306　单点应用程序管理实验拓扑

【实验思路】

（1）查看终端信息。

（2）查看终端进程列表、关闭非法进程。

（3）查看终端软件信息、卸载非法软件。

（4）弹窗告知终端用户处置方法。

【实验步骤】

1. 查找终端信息

（1）进入实验对应拓扑，登录拓扑中右侧的终端机，如图 2-307 所示。

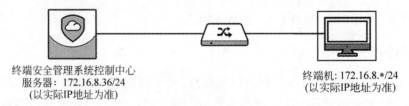

终端安全管理系统控制中心
服务器：172.16.8.36/24
（以实际IP地址为准）

终端机：172.16.8.*/24
（以实际IP地址为准）

图 2-307　登录终端虚拟机

（2）双击桌面上的 EV 录屏快捷方式，运行 EV 录屏软件，如图 2-308 和图 2-309 所示。

图 2-308　运行 EV 录屏程序

（3）进入实验对应拓扑，登录左侧的终端安全管理系统控制中心服务器，如图 2-310 所示。

（4）使用浏览器访问终端安全管理系统，使用用户名"admin"，密码"!1fw@2soc#3vpn"登录控制中心，在"终端管理"→"终端概况"中可见管理范围内的终端，单击其中的 win7-PC 终端，如图 2-311 所示。

（5）在弹出的"单点维护"页面，可以查看到该终端的设备信息，如图 2-312 所示。

图 2-309　EV 录屏程序运行界面

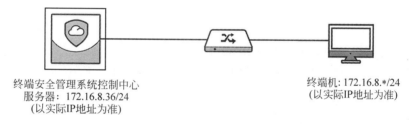

图 2-310　登录终端安全管理系统控制中心

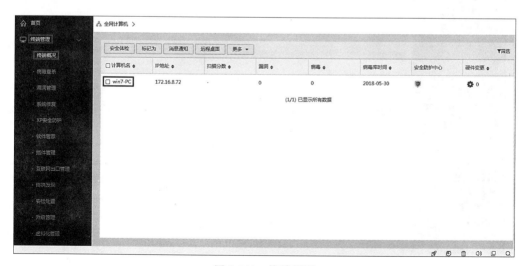

图 2-311　终端概况

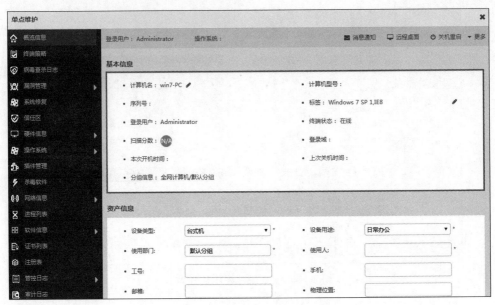

图 2-312　终端的基本信息

2. 查看终端进程列表、关闭非法进程

（1）在"单点维护"界面中，单击"进程列表"，找到异常进程 EVCapture.exe，单击"结束进程"链接，如图 2-313 所示。

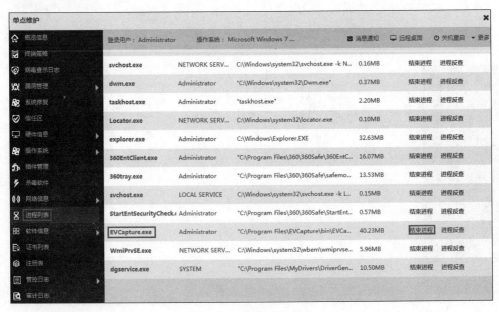

图 2-313　终端进程列表

（2）终端安全管理系统会结束该进程的任务下发，下发成功后会弹出提示，该进程将被强制结束，如图 2-314 所示。

图 2-314　下发结束进程任务

3. 查看软件信息、卸载非法软件

（1）结束 EVCapture 进程后，将该软件卸载。单击左侧的"软件信息"，在列表中查找非法软件"EV 录屏"，然后单击同一行的垃圾桶状"卸载"图标，如图 2-315 所示。

图 2-315　管理终端软件信息

（2）在弹出的确认卸载对话框中，单击"确定"按钮，如图 2-316 所示。

（3）卸载通知操作成功后，会弹出"操作成功"的提示，表明发送软件卸载通知的操作成功，如图 2-317 所示。

图 2-316　卸载提示

图 2-317　卸载通知下发操作成功

4. 弹窗告知终端用户处置方式

（1）在"单点维护"界面中，单击"软件信息"→"软件配置"→"消息通知"，如图 2-318
所示。

图 2-318　设置消息通知

（2）在弹出的对话框中，"标题栏"填写"沦陷提示"，"消息标题"填写"问题处理方式"，"消息内容"填写"请按照提示卸载非法软件。"，"发布人"填写"管理员"，"有效期至"请根据实际日期情况填写，然后单击"确认"按钮，如图 2-319 所示。

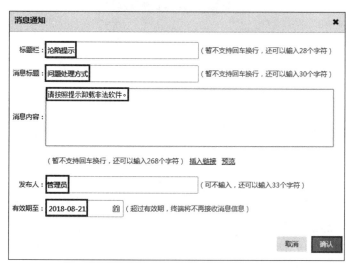

图 2-319　设置消息通知参数

【实验预期】

（1）终端运行的软件被强制关闭。

（2）终端收到消息通知。

（3）终端收到卸载提醒。

【实验结果】

1. 终端运行的软件被强制关闭

终端运行的 EV 录屏软件已被强制关闭，在终端中没有运行。

2. 终端收到消息通知

（1）进入实验对应拓扑，登录右侧的终端，在右下角可以看到设置的消息通知，如图 2-320 所示。

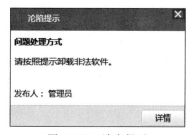

图 2-320　消息提示

（2）单击"详情"按钮，可以查看具体的内容，如图 2-321 所示。单击提示界面右上角的"×"按钮关闭。

图 2-321　消息通知详情

3. 终端收到卸载提醒

（1）终端收到卸载软件提醒，单击"一键卸载"按钮，如图 2-322 所示。

（2）在弹出的卸载界面中，单击"卸载"按钮确定卸载软件，如图 2-323 所示。

图 2-322　卸载提醒

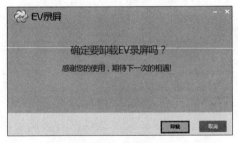

图 2-323　卸载软件

（3）卸载完成后，单击"确定"按钮，完成卸载，如图 2-324 所示。

图 2-324　卸载完成

（4）在终端安全管理系统单点应用程序管理中,可以实现对安装终端安全管理客户端的终端中的进程、应用进行管理,满足实验预期。

【实验思考】

（1）如何通过单点维护更改安全策略?
（2）试分析单点维护的优点和缺点。

2.3.2　终端安全管理系统远程控制终端实验

【实验目的】

掌握远程控制终端桌面的操作。

【知识点】

远程桌面。

【场景描述】

A 公司需要对分部新入职的安全运维工程师进行终端安全管理系统的培训,张经理安排总部的安全运维工程师小王负责此项工作。小王计划利用终端安全管理系统的远程控制功能,远程演示来实现对新员工的培训。请协助小王完成远程演示工作。

【实验原理】

远程协助是由一台终端利用网络通信的方式远距离控制另一台终端的技术,传统的远程控制一般使用 NetBEUI、NetBIOS、IPX/SPX、TCP/IP 等协议来实现。随着网络技术的发展,远程控制也可以通过 Web 页面、Java 等技术来实现。远程协助的主要用途包括远程办公、远程技术支持、远程交流、远程维护管理等。终端安全管理系统通过远程协助功能,当终端需要远程帮助的时候,运维人员需要向终端用户发送远程控制请求,经终端用户确认后,运维人员可远程控制终端用户的桌面,帮助用户解决问题。远程协助功能只要终端与运维人员的网络路由可达即可,不局限于远程终端的物理位置,可以提高终端桌面运维人员的运维效率。

【实验设备】

主机设备:Windows Server 2008 R2 主机 1 台,Windows 7 主机 1 台。
网络设备:路由器 1 台,交换机 1 台。

【实验拓扑】

实验拓扑如图 2-325 所示。

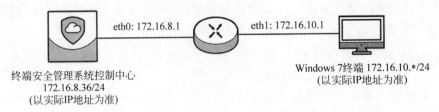

图 2-325　终端安全管理系统远程控制终端实验拓扑

【实验思路】

（1）安装终端安全管理系统客户端。

（2）安装远程桌面工具。

（3）对终端进行远程控制。

【实验步骤】

1. 安装终端安全管理系统客户端

（1）进入实验对应拓扑，登录 Windows 7 终端，如图 2-326 所示。

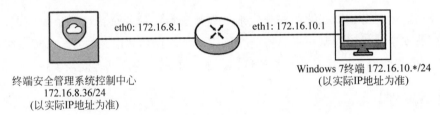

图 2-326　登录 Windows 7 终端机

（2）运行浏览器，在地址栏中输入地址"http://172.16.8.36"，下载"适用于 Windows 7"的客户端程序，按照默认设置安装客户端。

2. 安装远程桌面工具

（1）进入实验对应拓扑，登录终端安全管理系统控制中心服务器，如图 2-327 所示。

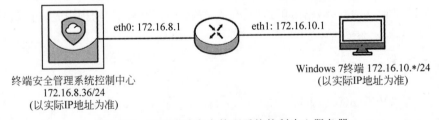

图 2-327　登录终端安全管理系统控制中心服务器

（2）使用浏览器访问终端安全管理系统，使用用户名为"admin"，密码为"！1fw@2soc＃3vpn"登录控制中心，单击"系统管理"→"账号管理"→"本地账户"，新建管理员

"yuancheng",密码"!1fw@2soc♯3vpn",邮箱输入"yuancheng@qianxin.com",其他保持默认设置。

（3）在新增管理员后,默认会在右侧弹出权限配置选项,如图 2-328 所示。

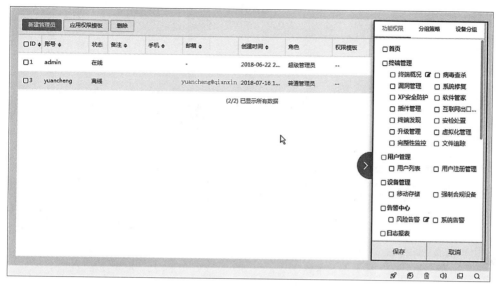

图 2-328　配置管理员权限

（4）勾选"终端管理"下面的"终端概况"复选框,然后单击该选项右侧的笔状编辑图标进入终端权限设置,如图 2-329 所示。

（5）在弹出的"终端概况权限设置"页面,勾选"远程监控""不需要终端确认""远程状态显示"3 个复选框,然后单击"确定"按钮保存设置,如图 2-330 所示。

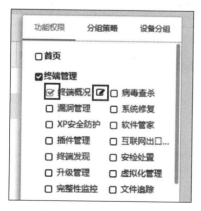

图 2-329　配置管理权限

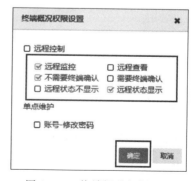

图 2-330　终端概况权限配置

（6）返回到终端权限设置界面,单击"分组策略"一栏,勾选"全网计算机"复选框,如图 2-331 所示。

（7）单击"设备分组"一栏,勾选"设备组"复选框,再单击"保存"按钮保存配置,如图 2-332 所示。

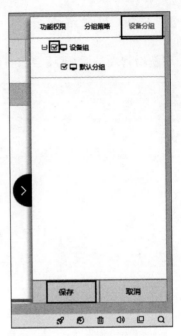

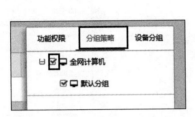

图 2-331　配置分组策略　　　　　　　图 2-332　配置设备分组

（8）配置完成后，新增的管理员相关权限信息设置后会显示在列表中，如图 2-333 所示。

图 2-333　管理员权限信息

（9）退出终端安全管理系统控制中心。

【实验预期】

管理员可远程控制终端，可对终端进行登录、锁屏、截图等操作。

【实验结果】

（1）进入实验对应拓扑，登录左侧的终端安全管理系统控制中心服务器，运行终端安全管理系统控制中心，输入新建的管理员账号"yuancheng"，密码"!1fw@2soc♯3vpn"登录控制中心，如图 2-334 所示。

（2）登录成功后可以看到此账号只有"终端管理"→"终端概况"栏目的权限，如图 2-335 所示。

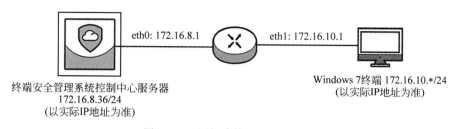

终端安全管理系统控制中心服务器
172.16.8.36/24
（以实际IP地址为准）

Windows 7终端 172.16.10.*/24
（以实际IP地址为准）

图 2-334 用新建管理员账号登录

图 2-335 登录后首页

（3）勾选 win7-PC，然后单击"远程桌面"开启远程控制功能，如图 2-336 所示。

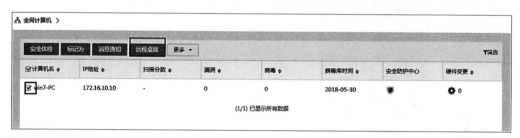

图 2-336 开启远程控制功能

（4）由于未安装远程桌面工具，会弹出提示信息，单击"确定"按钮下载远程桌面工具，如图 2-337 所示。

图 2-337 下载远程桌面工具提示框

（5）下载并运行远程控制工具安装程序。在软件安装界面中保持默认配置，单击"安装"按钮，如图 2-338 所示。

（6）程序安装后，单击"完成"按钮完成安装，如图 2-339 所示。

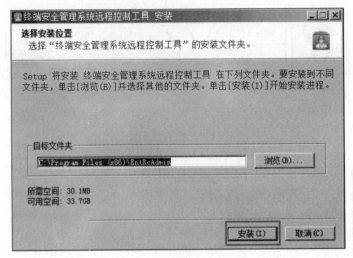

图 2-338　安装远程控制工具

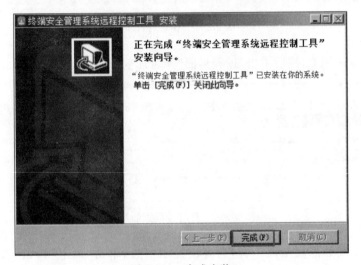

图 2-339　完成安装

（7）回到终端安全管理系统控制中心，在终端概况显示页面，勾选 win7-PC，单击"远程桌面"按钮进行远程控制，如图 2-340 所示。

图 2-340　开启远程控制

（8）在弹出的"远控申请"对话框中,设置屏幕解锁密码为 123456,其他保持默认设置,然后单击"确定"按钮保存设置,如图 2-341 所示。

（9）在出现的"外部协议请求"弹框中,单击"启动应用"按钮,如图 2-342 所示。

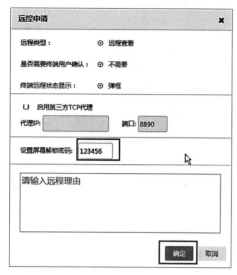

图 2-341　远程申请设置

图 2-342　启动应用

（10）等待远程桌面程序运行后,会将终端的桌面情况显示出来,可以进行所有的正常操作,如图 2-343 所示。

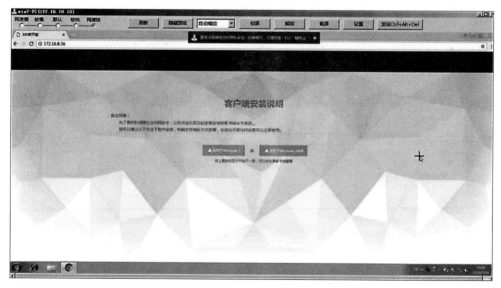

图 2-343　远程桌面运行界面

（11）单击上方的"截屏"按钮,可以进行截屏操作,如图 2-344 所示。

（12）选择截图存放的位置,本实验选择保存在桌面上,单击"保存"按钮保存截图,如图 2-345 所示。

图 2-344　截屏操作

图 2-345　设置保存截图位置

（13）出现截屏成功的提示，单击"确定"按钮即可，如图 2-346 所示。

（14）在桌面上可以看到保存的截图文件，如图 2-347 所示。

图 2-346　截屏成功提示框

图 2-347　保存的截图

（15）打开保存的截图文件，可以看到图片的内容与之前截取的内容一致，如图 2-348 所示。

（16）返回远程控制界面，单击上方的"锁屏"按钮进行锁屏操作，如图 2-349 所示。

（17）锁屏后，远程终端会被锁定，需要输入密码才能继续使用，在此输入之前设置的密码"123456"，单击"解锁"按钮会弹出提示框，如图 2-350 所示。

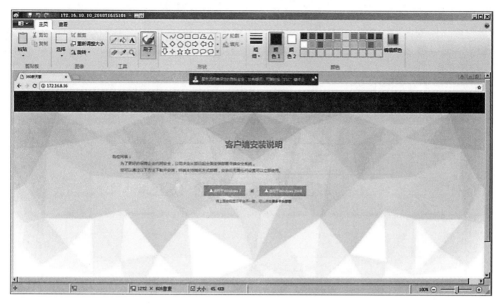

图 2-348　截图内容

图 2-349　单击锁屏

（18）此时会弹出"锁屏界面"解锁的提示框，单击"是"按钮解锁，如图 2-351 所示。

图 2-350　锁屏提示

图 2-351　锁屏界面提示

（19）解锁操作完成后即可正常操作远程终端，如图 2-352 所示。

（20）终端安全管理系统配置远程桌面程序，并配置相关权限后，可以对管理范围内的终端进行远程协助，实现正常操作、截屏、锁屏等操作，满足实验预期。

图 2-352　远程终端

【实验思考】

（1）如果赋予管理员仅具备监视的功能，应如何设置远程协助功能？

（2）对某些重点终端用户，为监控其违规行为，应如何设置远程协助功能？

第3章 故障排查

终端在运行过程中,由于应用复杂性和攻击多样性,往往表现出不同的特征。这些特征可能隐藏于网络流量、系统进程、动态链接库、应用程序等各种系统组件中,如何将这些特征从庞大的组件信息中提取出来,用于解决相应的故障现象、安全问题,需要用到一些特定的工具来提取这些特征。

本章主要学习终端安全管理系统常见的故障排查工具的使用方法,用于检查、监控包括网络、进程、应用在运行过程中,如何对系统的资源进行调用、数据的流向、用户权限的管理和调用等方面的内容。对于实际工作中遇到的问题,使用此类工具也可以获得比较好的分析效果,对于了解和掌握解决问题的方法非常有帮助。

3.1 网络流量

3.1.1 终端安全管理系统问题排查——TCPView 使用实验

【实验目的】

掌握 TCPView 的使用方法。

【知识点】

TCPView,端口。

【场景描述】

A 公司的安全运维工程师小王怀疑内网终端可能中了木马,需要使用 TCPView 分析当前终端的网络连接情况,对异常流量进行分析,以便排查分析木马行为。请协助小王使用 TCPView 工具分析网络流量。

【实验原理】

木马程序运行后,通常会尝试连接远控端,与远控端进行通信,在此过程中通常会打开某个端口,如果有通信过程就有可能会创建通信进程。TCPView 是 Sysinternals 工具包中的一款免费软件,该软件是绿色软件不需要安装,直接运行即可。TCPView 主要用于查看端口和线程,TCPView 虽然是静态显示端口和线程,但由于运行快捷、方便,占用资源比较少,在排查时可作为监视工具进行辅助分析。

【实验设备】

主机设备:Windows Server 2008 R2 主机 1 台,Windows 7 主机 1 台。

网络设备:交换机 1 台。

【实验拓扑】

实验拓扑如图 3-1 所示。

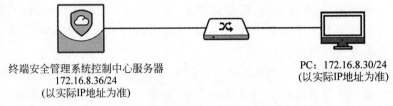

终端安全管理系统控制中心服务器
172.16.8.36/24
(以实际IP地址为准)

PC:172.16.8.30/24
(以实际IP地址为准)

图 3-1　终端安全管理系统 TCPView 使用实验拓扑

【实验思路】

使用 TCPView 查看当前网络连接信息。

【实验步骤】

(1) 进入实验对应拓扑,登录右侧 PC 终端,如图 3-2 所示。

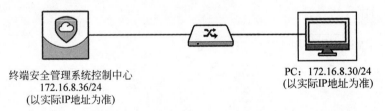

终端安全管理系统控制中心
172.16.8.36/24
(以实际IP地址为准)

PC:172.16.8.30/24
(以实际IP地址为准)

图 3-2　登录 PC 终端

(2) 使用账户 Administrator 和密码 123456 登录终端,运行桌面上的 TCPView 程序,如图 3-3 所示。

图 3-3　TCPView 程序图标

【实验预期】

使用 TCPView 查看网络连接信息。

【实验结果】

（1）TCPView 运行之后主界面如图 3-4 所示。

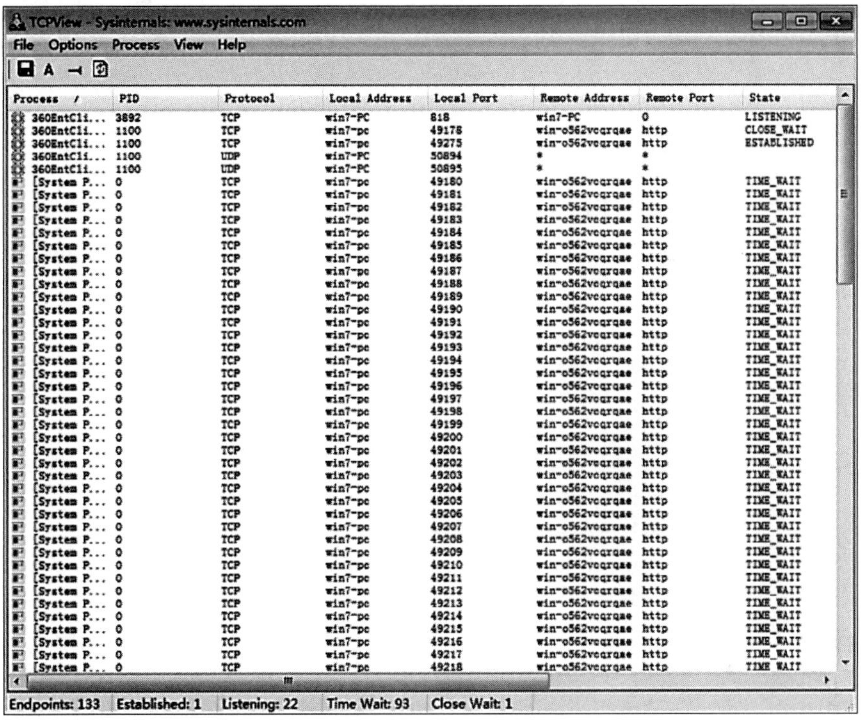

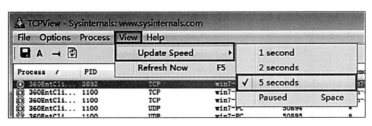

图 3-4　TCPView 运行界面

（2）单击上方菜单栏中的 View 可以看到两个选项：Update Speed（更新速度）和 Refresh Now（立即刷新）。单击 Refresh Now 命令可以立即刷新当前的进程和网络状态，单击 Update Speed 命令可以选择自动刷新的间隔时间，可以选择 1 秒、2 秒、5 秒和"暂停刷新"，本实验选择刷新间隔为 5 秒，如图 3-5 所示。

图 3-5　刷新参数设置

（3）主内容显示区域显示的内容主要分为 12 列，分别是 Process（进程名称）、PID（进程 ID)、Protocol（协议）、Local Address（本地地址）、Local Port（本地端口）、Remote Address（远程地址）、Remote Port（远程端口）、State（连接状态）、Sent Packets（发送的数据包数量）、Sent Bytes（发送了多少字节数据）、Rcvd Packets（接收数据包数量）、Rcvd Bytes（接收了多少字节数据），如图 3-6 所示。

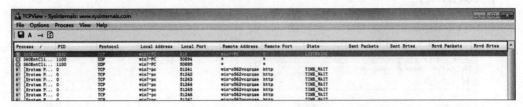

图 3-6　主内容显示列

（4）TCPView 默认会把 Remote Address（远程地址）和 Local Address（本地地址）显示为相对应的主机的名称，如果想要设置为显示 IP 地址，单击上方的 Options 菜单，取消勾选 Resolve Addresses 即可，如图 3-7 所示。

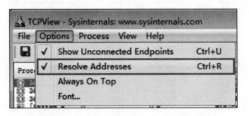

图 3-7　Resolve Addresses 选项

（5）刷新时某个进程颜色为绿色时，表示该进程为相对于上次刷新时新增的进程，如图 3-8 所示。

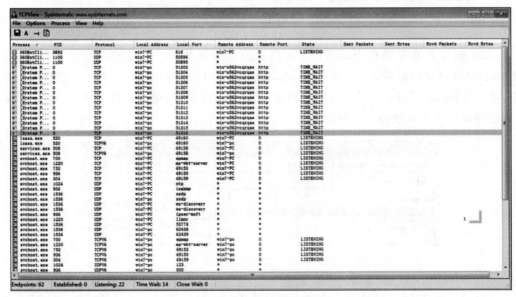

图 3-8　新增的进程信息

（6）当进程颜色为红色时，表示该进程相对于上次刷新时已经销毁的进程，如图 3-9 所示。

图 3-9　销毁的进程信息

（7）单击选中要操作的进程，右击会弹出可对该进程进行相应的操作选项，如图 3-10 所示。

图 3-10　对选中进程进行操作

（8）选择弹出菜单中的 Process Properties（进程属性），可以查看该进程的名称、版本以及 Path（路径），单击 End Process 按钮可以结束该进程，如图 3-11 所示。

图 3-11　进程属性

（9）如果选择弹出菜单中的 Copy 命令，可以将此进程的信息以文本方式复制到系统的剪贴板里，用于记录或其他用途，如图 3-12 所示。

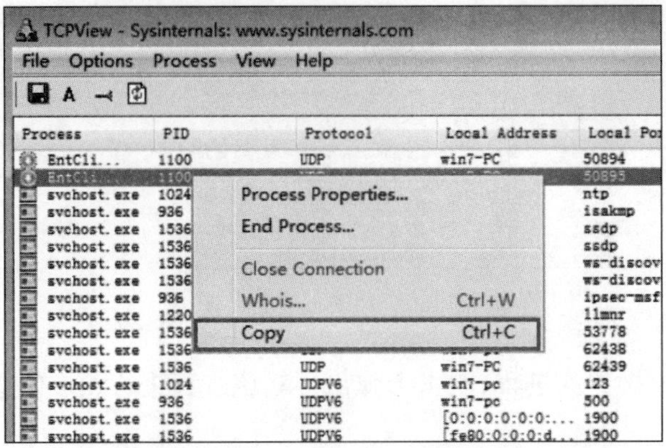

图 3-12　复制进程信息

（10）单击左上角的"保存"按钮或者按 Ctrl＋S 组合键可以保存系统当前运行所有进程的状态信息，如图 3-13 所示。

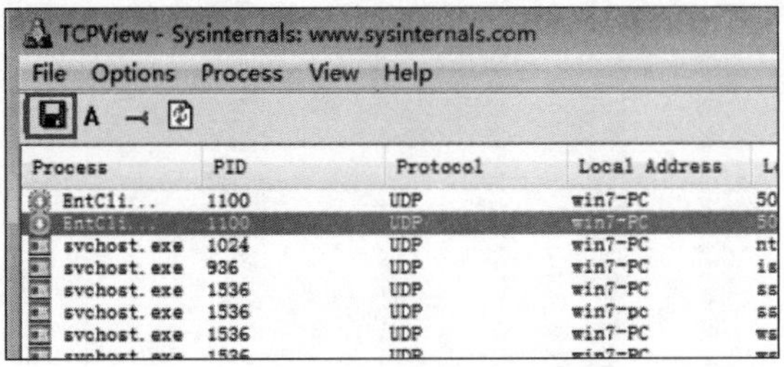

图 3-13　保存系统当前运行进程状态

（11）保存文件格式为 txt 文本格式，双击打开保存的文本文件，可以看到记录的进程信息，如图 3-14 所示。

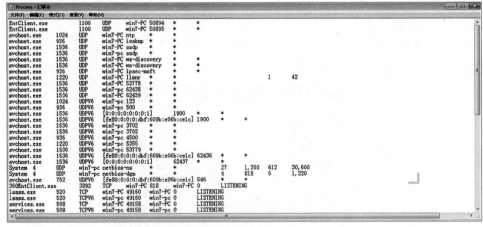

图 3-14　保存的进程信息

（12）TCPView 可以按照使用者关注的类型进行排序。例如，按照 State 的状态进行排序，单击 State 一列即可按照该列状态重新进行排序，如图 3-15 所示。

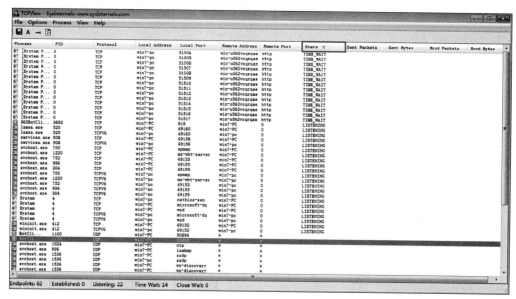

图 3-15　按 State 状态排序

（13）使用 TCPView 可以查看当前终端中运行的进程、端口、协议、状态、收发数据包数量等状态信息，并可以对某个进程复制状态信息，同时可以导出当前运行时的进程运行状态保存为文本文件，以便后续查看，满足实验预期。

【实验思考】

（1）使用 TCPView 如何发现流量异常的进程？

（2）在 TCPView 中，进程的状态都有哪几种？分别代表什么含义？

3.1.2　Wireshark 网络流量分析实验

【实验目的】

掌握 Wireshark 常用过滤命令的使用。

【知识点】

IP 过滤，端口过滤，HTTP 模式过滤。

【场景描述】

A 公司安全运维工程师小王在日常巡检中发现某台终端流量异常，为获知该终端异常流量的关联信息，小王需要使用 Wireshark 抓取该终端的通信流量进行分析，请协助小王使用 Wireshark 对该终端的通信流量进行分析。

【实验原理】

Wireshark 是一个网络封包分析软件。网络封包分析软件的功能是撷取网络封包，并尽可能显示出最为详细的网络封包资料。Wireshark 使用 WinPcap 作为接口，直接与网卡进行数据报文交换。

【实验设备】

主机设备：Windows Server 2003 主机 1 台，Windows 7 主机 1 台。
网络设备：交换机 1 台。

【实验拓扑】

实验拓扑如图 3-16 所示。

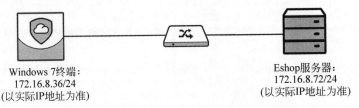

Windows 7终端：
172.16.8.36/24
(以实际IP地址为准)

Eshop服务器：
172.16.8.72/24
(以实际IP地址为准)

图 3-16　Wireshark 网络流量分析实验拓扑

【实验思路】

（1）访问 FTP 服务器。
（2）访问 Eshop 商城。
（3）Wireshark IP 筛选数据包。
（4）Wireshark 端口筛选数据包。
（5）Wireshark HTTP 模式筛选数据包。

【实验步骤】

1. 访问 FTP 服务器

（1）进入实验对应拓扑，登录 Windows 7 终端，如图 3-17 所示。

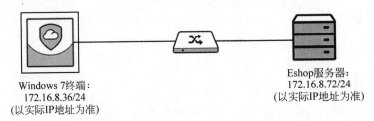

Windows 7终端：
172.16.8.36/24
(以实际IP地址为准)

Eshop服务器：
172.16.8.72/24
(以实际IP地址为准)

图 3-17　登录 Windows 7 终端

（2）运行浏览器，在地址栏中输入"ftp://172.16.8.72"，访问该地址，可见访问 FTP 服务器正常，如图 3-18 所示。

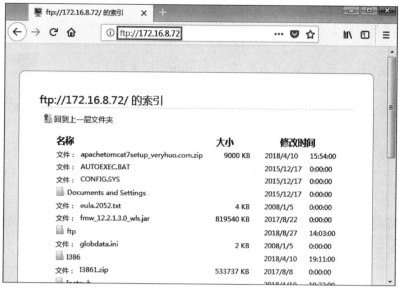

图 3-18　FTP 服务器目录

2. 访问 Eshop 商城

在浏览器中新建新标签页，在地址栏中输入"http://172.24.8.36"，访问该地址，可见网站显示正常，如图 3-19 所示。

图 3-19　访问网站

【实验预期】

（1）Wireshark 查看指定 IP。

（2）Wireshark 查看指定端口。

（3）Wireshark 查看指定 HTTP 数据包。

【实验结果】

1. Wireshark 查看指定 IP

（1）在终端桌面上，双击 Wireshark 图标快捷方式，运行 Wireshark 程序，如图 3-20 所示。

（2）在程序首页中，单击"本地连接"链接开始监听该网卡，如图 3-21 所示。由于本实验终端中只有一块网卡，因此仅能监听该网卡。如实际终端有多块网卡，请选择对应网卡进行监听。

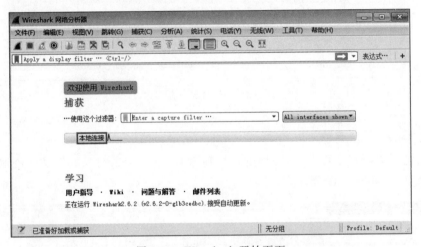

图 3-20　运行 Wireshark 程序

（3）在表达式栏中输入表达式"ip.src==172.16.8.36"，表明查找源 IP 地址为 172.16.8.36 的数据包，单击"箭头"按钮查询源 IP 数据包，可以筛选出相关的数据包记录。如果没有流量记录筛选出来，可重新刷新浏览器访问网站的页面，以便产生数据流量，如图 3-22 所示。

图 3-21　Wireshark 开始页面

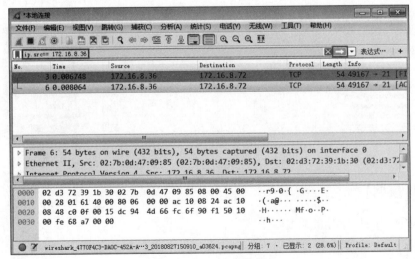

图 3-22　筛选源 IP 数据包

（4）在表达式栏中输入表达式"ip.dst＝＝172.16.8.72"，表明查找目的 IP 地址为
172.16.8.72 的数据包，单击"箭头"按钮查询目的 IP 数据包。如无流量记录，可刷新浏览
器页面，以便产生数据流量，如图 3-23 所示。

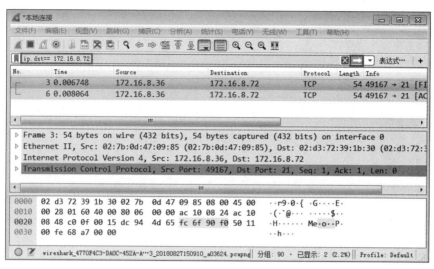

图 3-23　筛选目的 IP 数据包

2. Wireshark 查看指定端口

（1）在表达式栏中输入表达式"tcp.port＝＝21"，表明查找数据包流经端口为 21 的
TCP 数据包，单击"箭头"按钮查询流经端口 21 的数据包。如无流量记录，可刷新浏览器
访问 FTP 网站页面，以便产生数据流量，如图 3-24 所示。

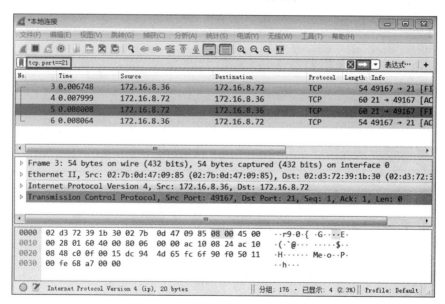

图 3-24　筛选流经端口 21 的数据包

（2）在表达式栏中输入表达式"tcp.port＝＝80"，表明查找数据包流经端口为 80 的 TCP 数据包，单击"箭头"按钮查询流经端口 80 的数据包。如无流量记录，可刷新浏览器访问网站的页面，以便产生数据流量，如图 3-25 所示。

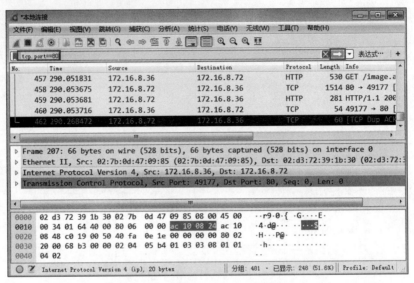

图 3-25　筛选流经端口 80 的数据包

3. Wireshark 查看指定 HTTP 数据包

（1）在表达式栏中输入表达式"http.request.method＝＝"GET"（英文符号）"，表明查找 HTTP 请求包中 GET 方法类型的数据包，单击"箭头"按钮查询 GET 数据包，如图 3-26 所示。

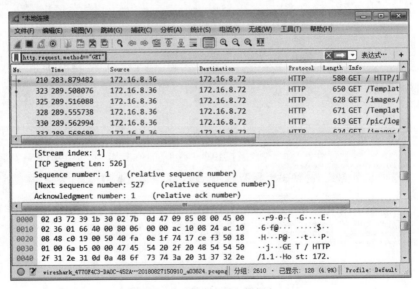

图 3-26　筛选 GET 数据包

（2）在浏览器中访问 172.16.8.72 网站，在网站首页导航栏中，单击"留言簿"链接，在"内容"处输入"test"，Email 处输入"test@qianxin.com"，"名字"处输入"test"，然后单击"提交"按钮，以便产生 POST 类型数据包，如图 3-27 所示。

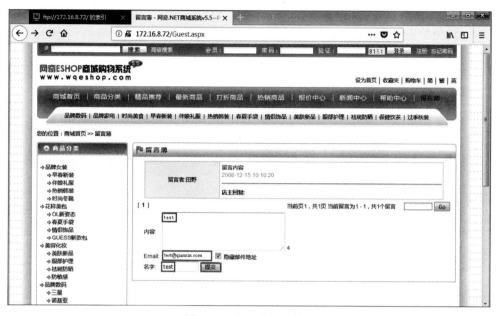

图 3-27　在网站提交数据

（3）返回 Wireshark 程序中，在表达式栏中输入表达式"http.request.method == "POST"（英文符号），表明查询 HTTP 请求包中 POST 类型数据包，单击"箭头"按钮查询 POST 数据包，如图 3-28 所示。

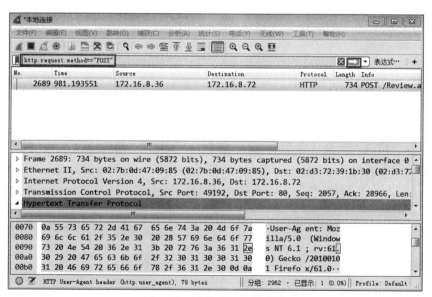

图 3-28　筛选 POST 数据包

（4）Wireshark 可以对当前终端的网络流量进行抓取，并对抓取到的数据包，根据条件进行筛选过滤，获得关注的数据包，并可查看数据包中的数据内容，满足实验预期。

【实验思考】

（1）如何使用 Wireshark 查看 ICMP 包？

（2）怎样查看一条相关联的数据流信息？

3.2 操作系统

3.2.1 终端安全管理系统问题排查——Autoruns 使用实验

【实验目的】

掌握终端安全管理系统问题排查工具 Autoruns 的使用方法。

【知识点】

Autoruns。

【场景描述】

A 公司的安全运维工程师小王巡检时怀疑公司某台终端运行有问题，在终端查找问题时，因为系统内置的 msconfig 工具不能完全显示所有自启动项，所以小王使用 Autoruns 工具进行启动项的查看。请协助小王使用 Autoruns 进行检查。

【实验原理】

操作系统的自启动服务或程序是因为某些应用程序正常运行是有前提的，必须在操作系统引导过程中初始化相关联的服务，应用程序才能正常运行。而某些恶意代码也会将自身的攻击程序或服务设置在操作系统自启动阶段，以获取系统的某些权限或免疫安全防护措施。

Autoruns 是 Systernals Suite（故障诊断工具套装）的一部分。它能够显示在 Windows 启动或登录时自动运行的程序，并且允许用户有选择地禁用或删除它们，例如，那些在"启动"文件夹和注册表相关键中的程序。此外，Autoruns 还可以修改包括 Windows 资源管理器的 Shell 扩展（如右键弹出菜单）、IE 浏览器插件（如工具栏扩展）、系统服务和设备驱动程序、计划任务等多种不同的自启动程序。

【实验设备】

主机设备：Windows Server 2008 R2 主机 1 台，Windows 7 主机 1 台。

网络设备：交换机 1 台。

【实验拓扑】

实验拓扑如图 3-29 所示。

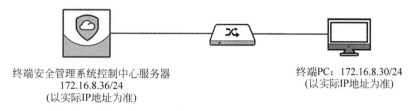

终端安全管理系统控制中心服务器　　　　　　　　终端PC：172.16.8.30/24
172.16.8.36/24　　　　　　　　　　　　　　　　　（以实际IP地址为准）
（以实际IP地址为准）

图 3-29　Autoruns 使用实验拓扑

【实验思路】

使用 Autoruns 查看并管理启动项。

【实验步骤】

（1）进入实验对应拓扑，使用 Administrator 账户，输入密码 123456，登录右侧的终端 PC，如图 3-30 所示。

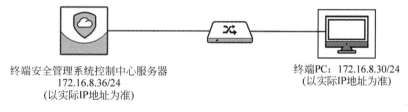

终端安全管理系统控制中心服务器　　　　　　　　终端PC：172.16.8.30/24
172.16.8.36/24　　　　　　　　　　　　　　　　　（以实际IP地址为准）
（以实际IP地址为准）

图 3-30　登录终端 PC

（2）运行桌面上的 Autoruns 图标快捷方式运行程序，推荐以管理员身份运行该程序，如图 3-31 所示。

图 3-31　运行 Autoruns 程序

【实验预期】

使用 Autoruns 查看自启动项。

【实验结果】

（1）Autoruns 程序运行的主界面默认显示在 Everything 选项卡中，如图 3-32 所示。

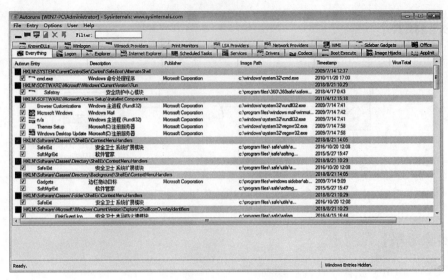

图 3-32　Autoruns 运行界面

（2）在 Everythings 选项卡中，右击任意一个注册表项，会弹出该项目可操作的内容，该菜单内容与 Autoruns 菜单栏的 Entry 菜单内容是一致的，如图 3-33 和图 3-34 所示。

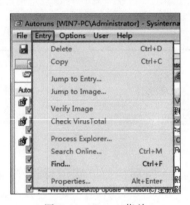

图 3-33　Entry 菜单

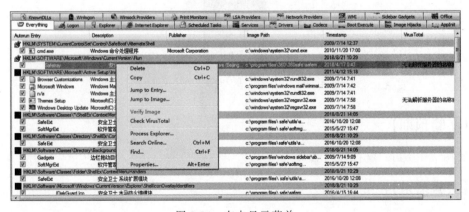

图 3-34　右击显示菜单

（3）在菜单栏的 Options 中提供了内容显示的开关功能，如图 3-35 所示。

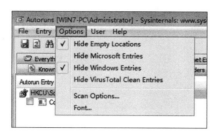

图 3-35　Options 菜单

（4）在 Options 菜单中，Hide Empty Locations 表示隐藏空位，当注册表的键没有键值或子键时不显示该注册表路径，因为键值为空时代表没有数据，也就没有显示的必要性，所以该选项的默认设置是勾选状态，取消勾选后会显示注册表中键值为空的内容，如图 3-36 所示。

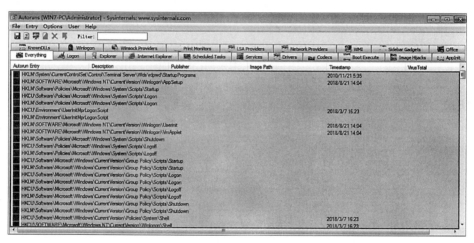

图 3-36　显示键值为空的注册表条目

（5）在 Options 菜单中其他 3 个选项分别为：Hide Microsoft Entries 表示隐藏微软官方的注册表条目，默认不勾选；Hide Windows Entries 表示隐藏 Windows 系统程序的自启动条目，默认勾选此选项；Hide Virus Total Clean Entries 表示隐藏清理病毒总数量条目。

（6）Autoruns 菜单栏中的 User 菜单中列出了可以查看的属于当前用户的启动项，用户可以在此切换用户身份，以便查看不同用户的启动项，如图 3-37 所示。

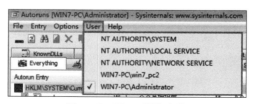

图 3-37　User 菜单内容

（7）在 Autoruns 的 Everything 主要内容显示区域，数据分为 6 列，分别是 Autorun Entry（条目名称）、Description（条目描述）、Publisher（发布者）、Image Path（路径）、Timestamp（创建时间）、Virus Total（病毒数量），如图 3-38 所示。

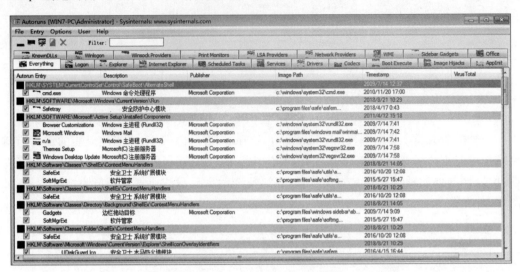

图 3-38　Everything 内容显示区域

（8）Everything 内容显示区域中的淡紫色行（行中包含背景色）表示注册表中的该键的路径，紫色行下面的是子键，是具体的自启动条目信息和路径。Autoruns 基于注册表的键进行类别划分，比如最上面的三行是用户登录时自启动的项，和 Logon 选项卡的内容相同，如图 3-39 和图 3-40 所示。

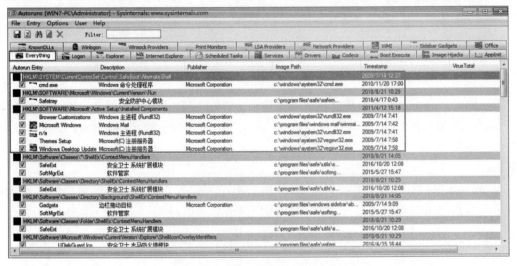

图 3-39　Everything 选项卡内容

（9）单击终端安全管理系统"安全防护中心模块"，当需要禁用此启动项时取消该条目前面的勾选即可，如图 3-41 所示。

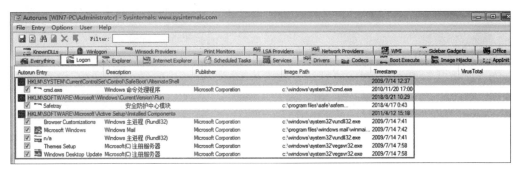

图 3-40　Logon 选项卡内容

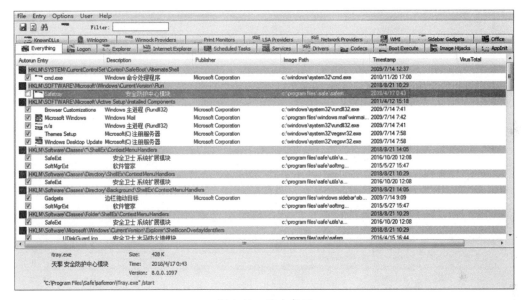

图 3-41　选中条目

（10）右击选中终端安全管理系统"安全防护中心模块"，会弹出可操作菜单，Delete 是删除此启动条目，无法恢复；Copy 会复制此条数据，包括 Autorun Entry、Description、Publisher、Image Path、Timestamp 和 Virus Total，如图 3-42 所示。

图 3-42　条目操作菜单

（11）Jump to Entry 会跳转至该自启动条目在注册表中的键的位置，如图 3-43 所示。

图 3-43　Jump to Entry

（12）Jump to Image 会跳转至该启动条目的执行文件位置，如图 3-44 所示。

图 3-44　Jump to Image

（13）Verify Image 可以校验该自启动条目的执行文件的签名，进行真实性验证，验证通过后会在 Publisher 字段添加（Verified）字段，如图 3-45 所示。

图 3-45 签名校验

（14）Check Virus Total 选项会把该条目的执行文件上传至 www.virustotal.com 进行病毒检测；Process Explorer 会启动 Process Explorer 程序，具体内容参见相关实验；Search Online 是在线搜索功能。本实验不做相关功能展示。

（15）Find 可以使用系统提供的搜索功能进行关键词查找，关键词可以输入 Autorun Entry、Description、Publisher、Image Path 和 Timestamp 中的字段，例如，输入 Windows 主进程的创建时间中的字段"7：41"，单击查找"下一个"按钮进行搜索，会定位至此自启动项条目，如图 3-46～图 3-48 所示。

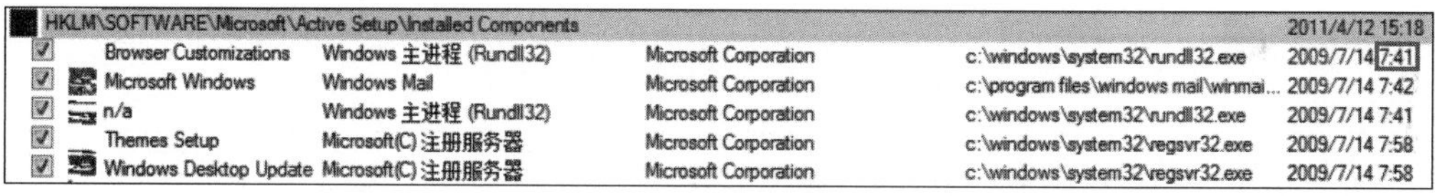

图 3-46 启动时间

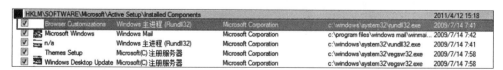

图 3-47 搜索关键字

图 3-48 搜索结果

（16）再次单击选中终端安全管理系统"安全防护中心模块"，选择菜单的最后一项 Properties，展示此条目指向的文件的属性，如图3-49所示。

图3-49　终端安全管理系统程序属性

（17）Autoruns把自启动项分为20类，如图3-50所示。在Windows 10系统中一共有19类，因为Windows 10不支持Sidebar Gadgets功能，所以在Windows 10上使用时没有Sidebar Gadgets标签。

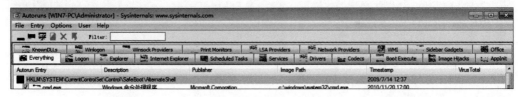

图3-50　功能标签

（18）Logon选项卡显示的是用户登录时的启动项，当用户不同时，该选项卡的启动项可能也有所不同，默认显示的是当前用户的登录启动项，如图3-51所示。

图3-51　Logon选项卡

（19）Explorer选项卡显示资源管理器自启动项，如图3-52所示。

（20）Internet Explorer选项卡显示IE浏览器自启动加载项，如图3-53所示。

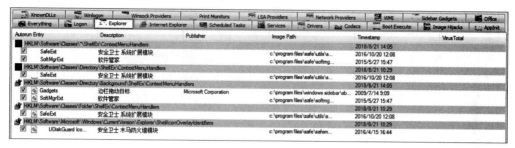

图 3-52　Explorer 选项卡

图 3-53　Internet Explorer 选项卡

（21）Scheduled Tasks 选项卡显示系统计划任务，如图 3-54 所示。

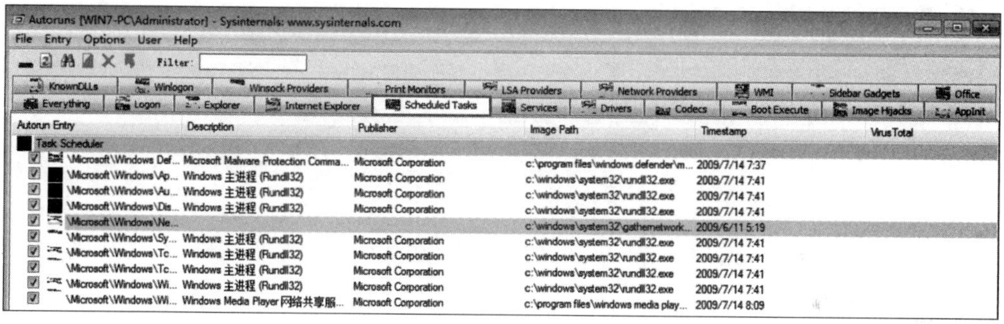

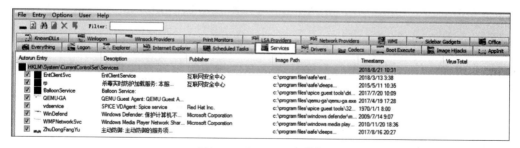

图 3-54　Scheduled Tasks 选项卡

（22）Services 选项卡显示服务自启动项，包括系统和应用程序注册的服务，如图 3-55 所示。利用 Rootkit 技术运行的恶意代码有可能会在此显示启动的恶意服务。

图 3-55　Services 选项卡

（23）Drivers 选项卡显示驱动自启动项，包括硬件驱动和其他驱动，如图 3-56 所示。该部分同样是恶意代码经常使用的位置。

图 3-56　Drivers 选项卡

（24）Codecs 选项卡显示编码解码器启动项，通常终端都会包含音频视频解码器，如图 3-57 所示。

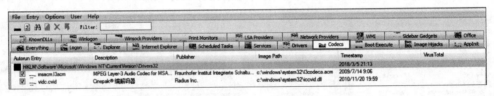

图 3-57　Codecs 选项卡

（25）Boot Execute 选项卡显示开机加载程序，可以改变开机动画、添加开机欢迎文字等，如图 3-58 所示。

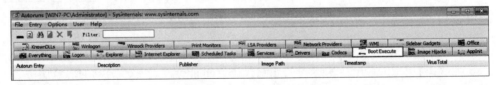

图 3-58　Boot Execute 选项卡

（26）Image Hijacks 选项卡显示映像劫持，即修改注册表中的键值，指向其他可执行文件或者病毒文件，可以使原执行文件无法被调用或者使病毒不断被激活，如图 3-59 所示。

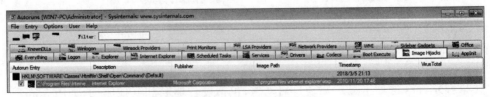

图 3-59　Image Hijacks 选项卡

（27）AppInit 选项卡显示系统启动时初始化动态链接库，当程序需要在系统启动的时候就进行初始化操作时，会在注册表中相应位置进行注册，当系统启动时会初始化相应的动态链接库，如图 3-60 所示。

图 3-60　AppInit 选项卡

（28）KnownDLLs 选项卡显示的是 Windows 的一种安全机制，能够加快应用程序对 DLL 文件的加载，还能够阻止恶意软件植入木马 DLL，如图 3-61 所示。

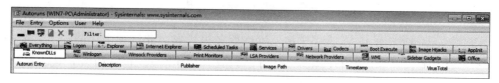

图 3-61　KnownDLLs 选项卡

（29）Winlogon 选项卡显示 Windows 用户登录程序，用于管理用户登录和退出，如图 3-62 所示。

图 3-62　Winlogon 选项卡

（30）Winsock Providers 选项卡显示用于系统和应用程序通信的接口，如图 3-63 所示。

图 3-63　Winsock Providers 选项卡

（31）Print Monitors 选项卡显示打印服务提供者。安装打印机时会注册此打印服务的提供者，或者虚拟打印服务提供者，比如安装了 Adobe Reader 时会安装 Print to PDF 打印服务。当此选项卡为空时表示除了系统自身提供的打印服务之外没有其他打印服务，如图 3-64 所示。

（32）LSA Providers 选项卡显示用于定义或扩展用户身份验证的程序包。LSA 即 Local Security Authority，一般译为本地安全机构。当此选项卡为空时表示系统使用自

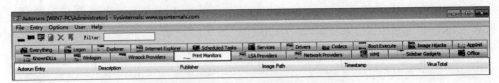

图 3-64　Print Monitors 选项卡

身提供的用户身份验证方法,没有其他扩展包,如图 3-65 所示。

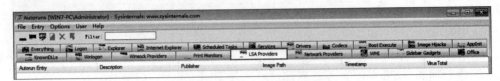

图 3-65　LSA Providers 选项卡

(33) Network Providers 选项卡显示网络服务提供者。此选项卡内的提供者会提供一些系统自身不提供或内置的网络服务,如 WebDAV 服务等。若该选项卡数据为空,则代表除了系统内置的提供者之外没有其他提供者,如图 3-66 所示。

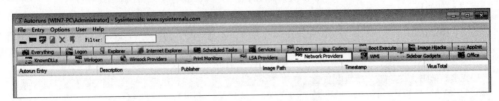

图 3-66　Network Providers 选项卡

(34) WMI(Windows Management Instrumentation,Windows 管理规范)是一项核心的 Windows 管理技术,使用者可以使用 WMI 标准管理方法管理本地或者远程的计算机,如图 3-67 所示。

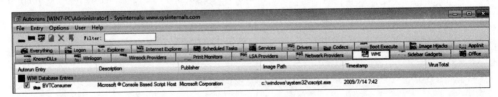

图 3-67　WMI 选项卡

(35) Sidebar Gadgets 即侧边工具栏,也可称为桌面小工具。当此选项卡为空时则代表除了系统内置的之外,没有其他第三方小工具,如图 3-68 所示。

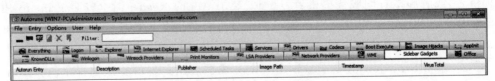

图 3-68　Sidebar Gadgets 选项卡

（36）Office 选项卡显示 Office 插件的开机启动项，如图 3-69 所示。

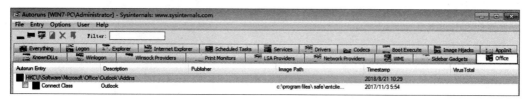

图 3-69　Office 选项卡

（37）Autoruns 程序可以查看终端各类启动项中运行的内容，包括服务、驱动、网络等系统关键运行节点，通过有效地管理启动项，增加终端安全性，满足实验预期。

【实验思考】

（1）如何删除其他用户的自启动条目？

（2）利用 Autoruns 程序，如何发现可能有害的启动项目？

3.2.2　终端安全管理系统问题排查——Process Explorer 使用实验

【实验目的】

掌握进程查看工具 Process Explorer 的使用。

【知识点】

Process Explorer。

【场景描述】

A 公司的终端用户向安全运维工程师小王报修自己的主机反应迟缓，小王怀疑该终端可能被恶意代码攻击，需要具体排查问题位置。小王准备先使用 Process Explorer 工具查看进程信息，尝试定位问题所在。请协助小王使用 Process Explorer 工具进行问题排查。

【实验原理】

进程是完成用户任务的执行实体，在操作系统内用进程控制块来表示，其中包含执行程序特定实例时所用到的各种资源。通常一个进程包含多个线程，且至少包含一个线程。

Process Explorer 是由 Sysinternals 开发的 Windows 系统和应用程序监视工具，目前已并入微软旗下。Process Explorer 让使用者能了解在后台执行的看不到的处理程序，显示当前已经载入哪些模块，分别在被哪些程序使用，还可显示这些程序所调用的 DLL 进程，以及它们所打开的句柄。Process Explorer 最大的特色就是可以终止任何进程，甚至包括系统的关键进程。

【实验设备】

主机设备：Windows Server 2008 R2 主机 1 台，Windows 7 主机 1 台。

网络设备：交换机 1 台。

【实验拓扑】

实验拓扑如图 3-70 所示。

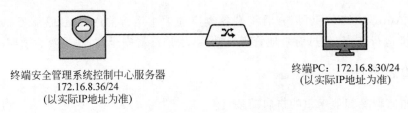

终端安全管理系统控制中心服务器
172.16.8.36/24
（以实际IP地址为准）

终端PC：172.16.8.30/24
（以实际IP地址为准）

图 3-70　Process Explorer 使用实验拓扑

【实验思路】

以终端安全管理系统客户端为例介绍 Process Explorer 的使用方法。

【实验步骤】

（1）进入实验对应拓扑，使用 Administrator，输入密码 123456，登录终端 PC 控制台，如图 3-71 所示。

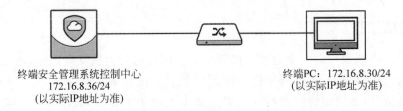

终端安全管理系统控制中心
172.16.8.36/24
（以实际IP地址为准）

终端PC：172.16.8.30/24
（以实际IP地址为准）

图 3-71　登录终端 PC

（2）双击桌面上的 procexp 程序，运行 Process Explorer，如图 3-72 所示。

图 3-72　运行 Process Explorer 程序

【实验预期】

使用 Process Explorer 查看进程信息。

【实验结果】

（1）Process Explorer 的主界面主要分为 3 部分，上方的菜单栏及快捷功能栏，主要显示的是进程树，即主进程以及所属的子进程，另外会实时显示该进程的 CPU 使用、Private Bytes（专用内存空间）、Working Set（所有内存空间）、PID（进程编号）、Description（进程描述）以及 Company Name（组织名称）；中间的主要内容栏，主要显示进程树及简略信息，下方的系统主要进行信息展示，如图 3-73 所示。

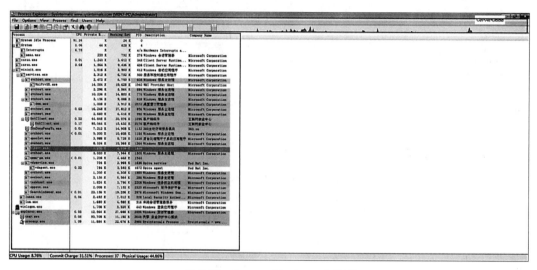

图 3-73　Process Explorer 主界面

（2）如果需要查看某个进程的详细信息，双击该进程即可。例如，需要查看终端安全管理系统客户端组件信息，双击 EntClient.exe 即可。弹出的窗口以"进程名＋PID"命名，如"EntClient.exe:2176"代表 EntClient.exe 进程的 PID 为 2176。在 Image 选项卡中是进程的基本信息，包括 Version（版本）、Path（路径）、Command line（命令行参数）、Current directory（当前目录）、Autostart Location（自启动注册表位置）。Parent 显示的是该进程的父进程，可以看到父进程是 PID 为 1096 的 EntClient.exe，User 代表启动该进程的用户，如图 3-74 所示。

（3）单击 Kill Process 按钮可以杀掉该进程，单击 Verify 按钮可以对该程序的签名进行校验，可以检查该程序是不是冒用签名或者是病毒木马。单击 Verify 按钮，验证通过后会在该程序名之前显示"（Verified）"字样，代表真实性验证通过，如图 3-75 所示。

（4）单击 Performance 标签切换至 Performance 选项卡，一共包括 5 部分，分别是 CPU、Virtual Memory、Physical Memory、I/O 和 Handlers，分别是 CPU 使用、虚拟内存大小、物理内存大小、I/O 性能以及处理程序数量，如图 3-76 所示。

图 3-74　Image 选项卡

图 3-75　签名校验

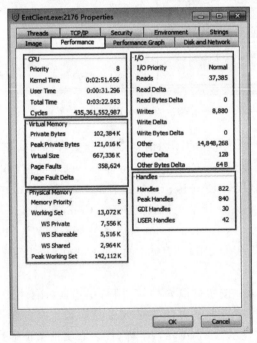

图 3-76　Performance 选项卡

　　（5）单击 Disk and Network 切换至该选项卡，该选项卡显示磁盘和网络的 I/O 情况，包括网络发送接收和磁盘读写量，如图 3-77 所示。

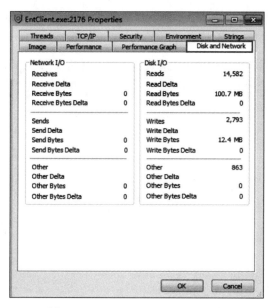

图 3-77　Disk and Network 选项卡

（6）单击 Threads 标签，显示 Count：82，说明该进程包含 82 个线程（线程数量不定，随时可能变化，以实际为准），TID 代表线程 ID，CPU 代表该线程所耗费的 CPU 资源占比，Cycles Delta 若有数据代表该线程处于暂停或挂起状态，并未运行，Start Address 是该线程的起始内存地址，如图 3-78 所示。

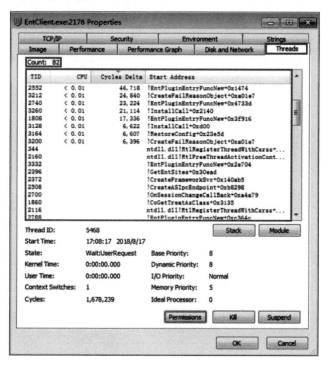

图 3-78　Threads 选项卡

（7）单击 TCP/IP 标签，该选项卡显示了该进程的所有网络连接，包括连接的协议、本地地址、远程地址和该连接的状态，如图 3-79 所示。

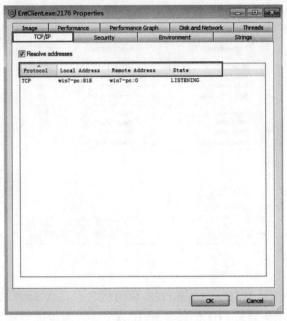

图 3-79　TCP/IP 选项卡

（8）单击 Security 标签，可以看到该进程所属的用户以及用户的 SID，以及用户组与该用户的关系，如图 3-80 所示。

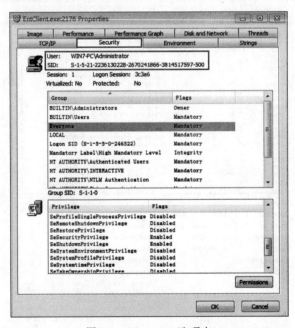

图 3-80　Security 选项卡

（9）单击 Environment 标签，可以看到该进程的所有环境信息，如图 3-81 所示。

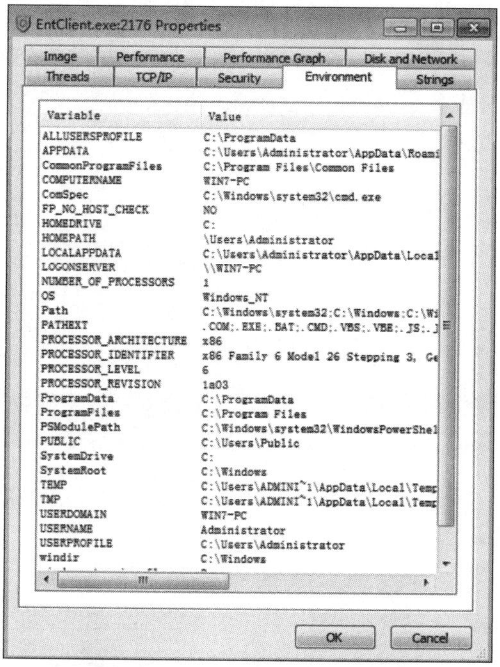

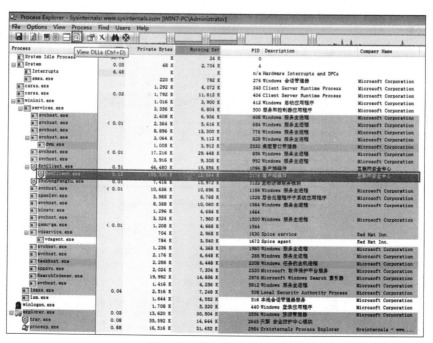

图 3-81 Environment 选项卡

（10）关闭此对话框。在 Process Explorer 程序中单击选中 EntClient.exe 进程，单击上方菜单栏中的 View DLLs 按钮，如图 3-82 所示。

图 3-82 单击 View DLLs

（11）单击 View DLLs 按钮之后，会在窗口下方出现新的 DLL 信息窗口，包括 DLL 名称、描述、组织名称以及 DLL 所在路径，如图 3-83 所示。

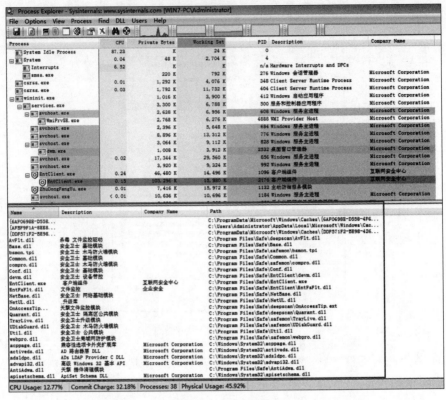

图 3-83　DLL 信息

（12）如果需要查看某个 DLL 的详细信息，双击该 DLL，可以查看该 DLL 的详细信息，包括版本等信息，如图 3-84 所示。

图 3-84　DLL 信息

（13）单击上方的 Options 菜单，在这里可以设置把窗口固定在最前面、替换系统的任务管理器、最小化时隐藏窗口（只在通知区域显示图标）、配置界面颜色等设置，如图 3-85 所示。

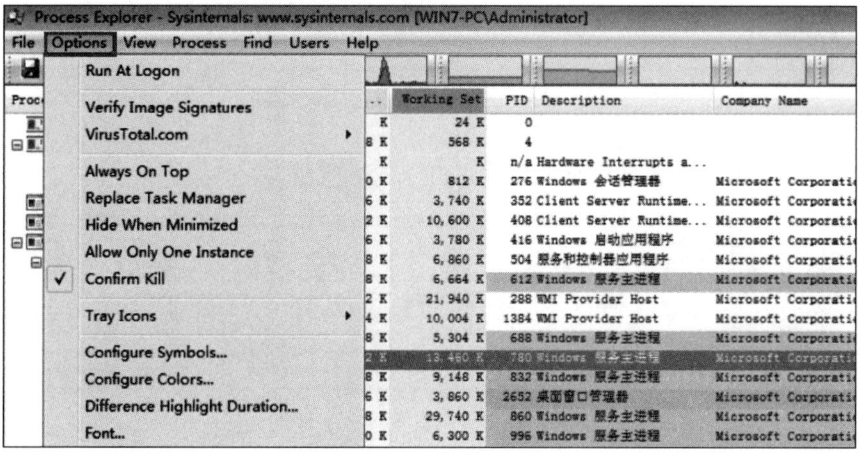

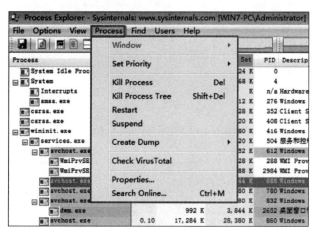

图 3-85　Options 菜单

（14）Process 菜单里面可以对进程执行操作，设置进程优先级、杀死进程、杀死进程树、重启进程以及创建 Dump 文件以便查找信息等，如图 3-86 所示。

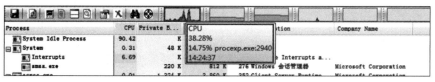

图 3-86　Process 菜单

（15）默认情况下菜单栏的快捷方式栏的第一个框是 CPU 的实时使用率，把光标移至该处就可以看到实时情况，如图 3-87 所示。

图 3-87　CPU 使用信息

（16）第二个框代表物理内存和虚拟内存之和的使用量，如图 3-88 所示。

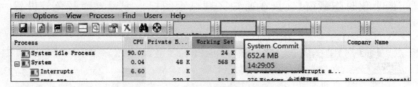

图 3-88　System Commit 信息

（17）第三个框代表物理内存使用率，如图 3-89 所示。

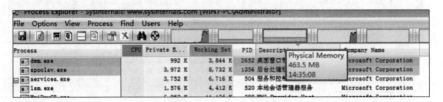

图 3-89　Physical Memory 信息

（18）第四个框显示的是当前正在进行 I/O 的进程名称以及速度，如图 3-90 所示。

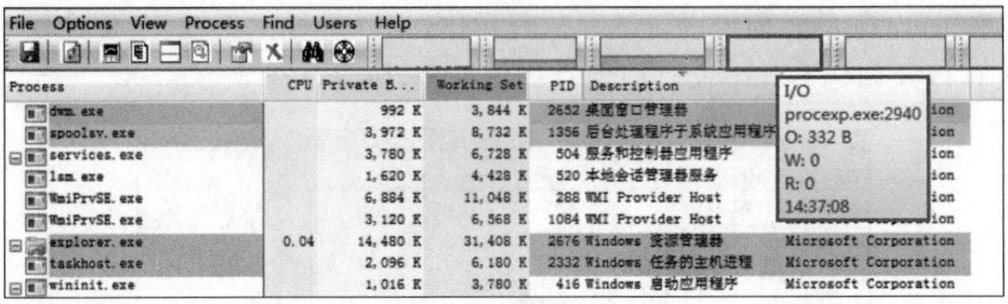

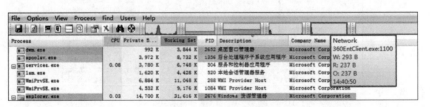

图 3-90　I/O 信息

（19）剩下两个分别显示网络 I/O 以及磁盘 I/O，如图 3-91 和图 3-92 所示。

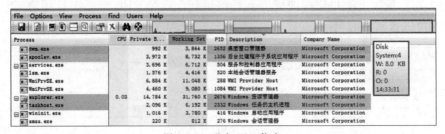

图 3-91　网络 I/O 信息

图 3-92　磁盘 I/O 信息

（20）底部的信息栏主要显示 CPU 实时使用率、虚拟内存使用率、进程数量以及物理内存使用率，如图 3-93 所示。

| CPU Usage: 8.24% | Commit Charge: 31.41% | Processes: 37 | Physical Usage: 47.14% |

图 3-93　底部信息栏信息

（21）Process Explorer 可以实时查看当前终端运行的进程，以及进程关联的 DLL 文件，并可查看消耗的系统资源，满足实验预期。

【实验思考】

（1）如果需要查看进程的关联应用程序和注册表项应如何查看？

（2）如果需要获取某个进程对系统资源的消耗应如何查看？

3.2.3　终端安全管理系统问题排查——Process Monitor 使用实验

【实验目的】

掌握终端安全管理系统问题排查所需的工具 Process Monitor 的使用方法。

【知识点】

Process Monitor。

【场景描述】

A 公司的安全运维工程师小王怀疑内网某台终端应用程序被感染，为了解该程序在系统运行过程中产生的相关操作，需要使用 Process Monitor 工具对程序的运行情况进行分析，以便排查和定位程序运行中的问题。请协助小王使用 Process Monitor 监控系统。

【实验原理】

程序在运行过程中，对系统或多或少都会产生记录，这些记录包括对文件、注册表的读写、加载进程、访问网络等动作。通过对此类事件的监控，可以获知正常、异常程序对系统的操作情况，依此来制定相关的安全策略，提高终端的安全水平。

Process Monitor 是由 Sysinternals 开发的 Windows 进程监视工具，目前已经并入微软旗下。Process Monitor 主要功能是实时监控文件读写、注册表读写、进程信息、网络访问和事件信息。有了 Process Monitor，使用者就可以对系统中的任何文件和注册表操作同时进行监视和记录，通过注册表和文件读写的变化，对于帮助诊断系统故障或是发现恶意软件、病毒或木马来说，非常有用。

【实验设备】

主机设备：Windows Server 2008 R2 主机 1 台，Windows 7 主机 1 台。

网络设备：交换机 1 台。

【实验拓扑】

实验拓扑如图 3-94 所示。

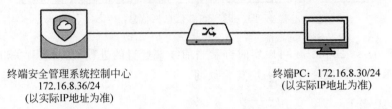

终端安全管理系统控制中心
172.16.8.36/24
（以实际IP地址为准）

终端PC：172.16.8.30/24
（以实际IP地址为准）

图 3-94　Process Monitor 使用实验拓扑

【实验思路】

（1）登录终端并打开 Process Monitor。

（2）使用 Process Monitor 查看进程及其他信息。

【实验步骤】

（1）进入实验对应拓扑，使用账号 Administrator 和密码 123456 登录终端 PC，如图 3-95 所示。

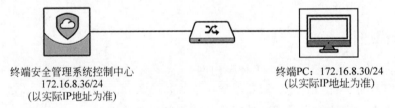

终端安全管理系统控制中心
172.16.8.36/24
（以实际IP地址为准）

终端PC：172.16.8.30/24
（以实际IP地址为准）

图 3-95　登录 PC 终端

（2）双击桌面的 Procmon 快捷方式，运行 Process Monitor 程序，如图 3-96 所示。

图 3-96　Process Moniter

【实验预期】

使用 Process Monitor 查看进程信息。

【实验结果】

（1）程序主界面如图 3-97 所示，一行表示一个事件。主界面显示内容主要分为 6 列：

Time of Day(记录时间)、Process Name(进程名字)、Operation(低级别的操作名称)、Path(路径)、Result(操作结果)、Detail(操作细节)。由于时间、进程启动速度等可能存在差异,以实际运行情况为准。

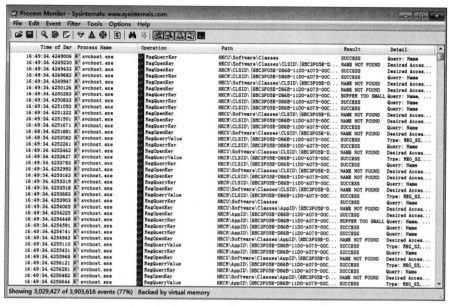

图 3-97　程序主界面

(2) Operation 显示操作信息,包括对注册表、文件系统、网络、进程的操作内容,比如CreateFile(创建文件)、QueryDirectory(目录查询)、CloseFile(关闭文件)等操作,如图 3-98所示。

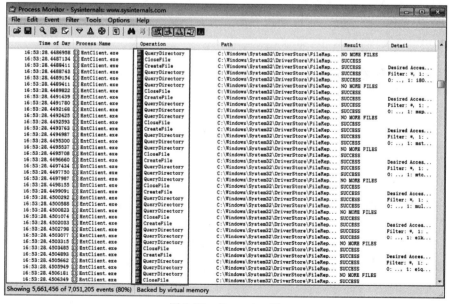

图 3-98　Operation 列

（3）Result 记录操作的结果，SUCCESS 代表操作成功，NO MORE FILES 代表进程已经完成枚举目录或者注册表的内容，BUFFER OVERFLOW 代表缓存溢出，BUFFER TOO SMALL 代表缓存过小可能会导致缓存溢出；NAME NOT FOUND 代表查找或打开的对象不存在，如图 3-99 所示。

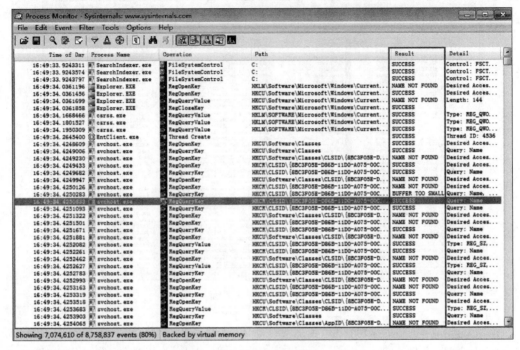

图 3-99　Result 列

（4）Process Monitor 主要的功能模块分为 4 部分：注册表监控、文件系统监控、网络活动监控、进程和线程活动。可以选择开启或者关闭某个功能，在菜单栏下方的快捷按钮处单击开启或者关闭，如图 3-100 所示。

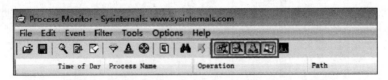

图 3-100　功能设置

（5）单击 EntClient.exe 进程（此处以终端安全管理系统客户端进程为例，其他进程一样），右击此进程可以看到操作菜单，单击 Properties 命令进入属性查看页面，如图 3-101 所示。

（6）在属性对话框的 Event 选项卡内可以查看事件开始事件、线程数量、事件类型、执行的操作、执行操作的结果、路径和持续事件，如图 3-102 所示。

（7）单击 Process 标签，在该选项卡可以看到该进程的详细信息，如名称、版本、路径及命令行路径等基础信息，以及进程 ID、架构（32 位或者 64 位）、父进程 ID、用户（User：

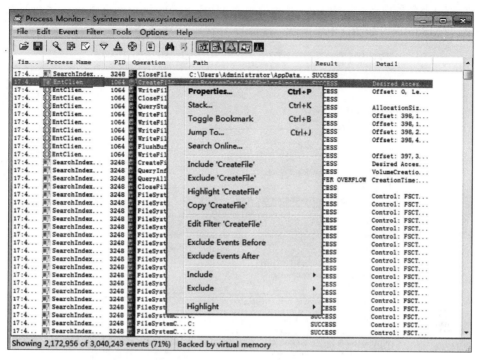

图 3-101　进程操作菜单

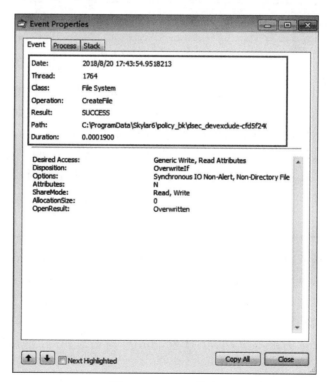

图 3-102　Event 信息

即该进程以什么身份运行)、开始时间和结束时间(Running 代表该进程正在运行)以及加载的模块(Modules),如图 3-103 所示。

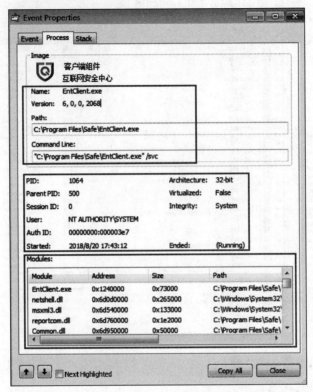

图 3-103　Process 信息

(8) 单击 Stack 标签切换至堆栈信息页面,显示进程在运行中调用的堆栈信息,Frame 列的 K 表示该调用进行时是以内核(Kernel)模式运行的,U 表示该调用进行时是以用户(User)模式进行的,Module 列是该进程调用的模块,Location 是代码正在执行的模块中的特定位置以及偏移量。拖动窗口下边的滚动条至右边,可以看到还有两列内容:Address 和 Path,Address 列是当前进程的指令地址,Path 列是调用的模块的完整地址,如图 3-104 和图 3-105 所示。

(9) 关闭此窗口。再次右击此进程,选择菜单中的 Stack 命令可以直接跳转至属性页的 Stack 选项卡,如图 3-106 所示。

(10) 在右击显示的菜单中,Jump To 为跳转,具体情况视 Operation 记录的事件不同操作不同。例如,事件为 CreateFile 或者 CloseFile 等文件操作时,会跳转到执行该进程的文件目录,当事件为 RegQueryKey 或者 RegOpenKey 等注册表操作时会跳转至注册表内的该事件操作的键值位置。

(11) 在右击显示的菜单中,单击 Highlight 可以选择相应的列进行高亮展示,如图 3-107 所示。

(12) 单击上方菜单栏中的 Filter→Filter 命令,可以设置过滤器,如图 3-108 所示。

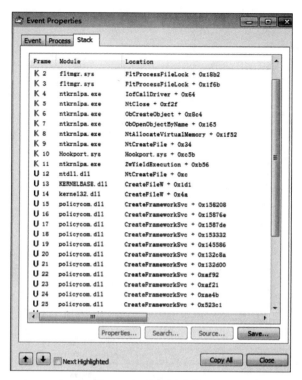

图 3-104　Stack 页面 1

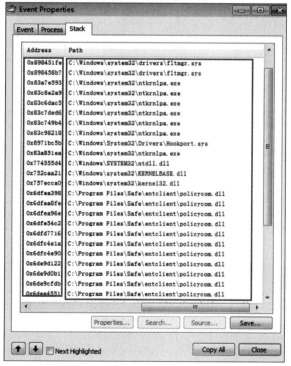

图 3-105　Stack 页面 2

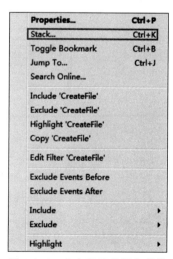

图 3-106　右击显示的操作菜单

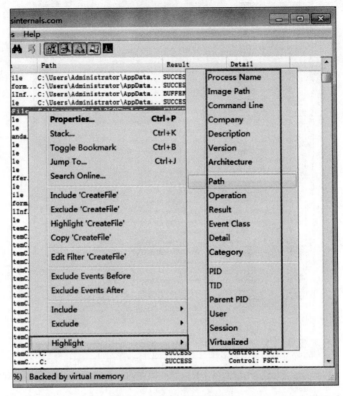

图 3-107　高亮设置

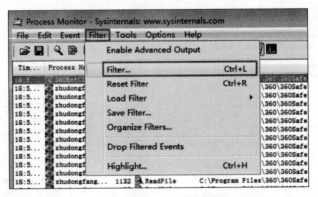

图 3-108　Filter 过滤器

（13）设置一条过滤规则为"Process Name is EntClient.exe then Include"，再单击 Add 按钮添加，如果规则添加成功，则会在下方出现绿色的正确符号，如图 3-109 所示。

（14）添加第二条过滤规则，设置为"Result is SUCCESS then Include"，单击 Add 按钮添加，如图 3-110 所示。

（15）添加第三条规则，设置为"Operation is WriteFile then Include"，单击 Add 按钮添加，规则添加完成后可以看到三条绿色规则，单击 Apply 按钮应用过滤条件，再单击 OK 按钮确认，如图 3-111 所示。

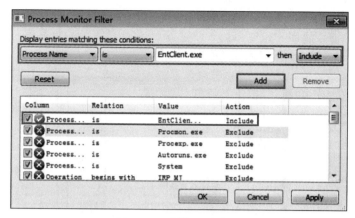

图 3-109　添加过滤条件

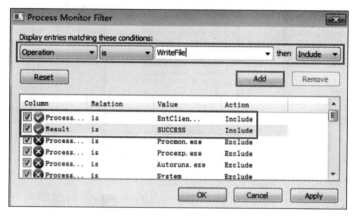

图 3-110　添加第二个过滤条件

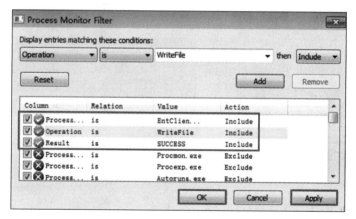

图 3-111　添加第三个过滤条件

（16）设置过滤条件应用之后，在 Process Monitor 界面中可以看到主界面的 Process Name 为 EntClient.exe，Operation 为 WriteFile，Result 为 SUCCESS 的相关操作记录，如图 3-112 所示。

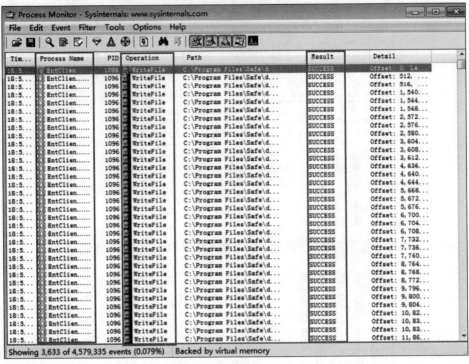

图 3-112　过滤结果

（17）单击上方菜单中的 File→Save 命令，保存当前捕获到的事件，如图 3-113 所示。

（18）保存事件可以选择所有事件、筛选后的事件和选择高亮的事件，保存格式可以选择 Process Monitor 专用格式 PML，或者 CSV 格式、XML 格式。本实验保存内容为当前过滤后的事件和 Process Monitor 专用格式 PML，设置输出位置为默认的桌面即可，单击 OK 按钮保存，如图 3-114 所示。

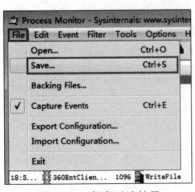

图 3-113　保存过滤结果

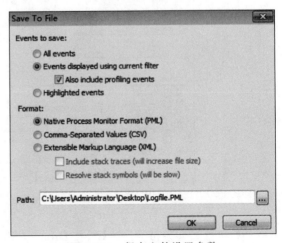

图 3-114　保存文件设置参数

（19）保存完成后，在桌面上可以看到一个名为 Logfile 的文件，并且图标为 Process Monitor 的图标，如图 3-115 所示。

（20）单击 Process Monitor 程序上方菜单栏的 File→Open 命令，如图 3-116 所示。

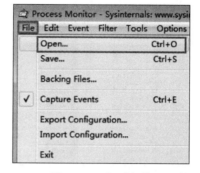

图 3-115　生成的 Logfile 文件　　　　　　　　图 3-116　打开文件

（21）选择桌面上保存的 Logfile 文件，单击"打开"按钮，如图 3-117 所示。

图 3-117　打开保存的 Logfile 文件

（22）打开文件之后，可以看到之前保存的事件，如图 3-118 所示。

（23）由于 Process Monitor 的主界面显示的是捕获到的事件，并不直接显示出进程之间的关系，通过单击快捷方式栏中的 Show Process Tree 按钮，可以详细展示进程树，从而获得更多的信息，如图 3-119 所示。

（24）通过进程树可以看到进程之间的关系，如 EntClient.exe 有一个同名的子进程，子进程 EntClient.exe 有一个 EntMisc.exe 子进程，如图 3-120 所示。

（25）Process Monitor 可以对终端中运行程序所做的操作进行记录，并记录其操作状态。通过条件筛选，可以筛查管理者需要的记录，并通过进程树的方式对记录的关联性进行跟踪，满足实验预期。

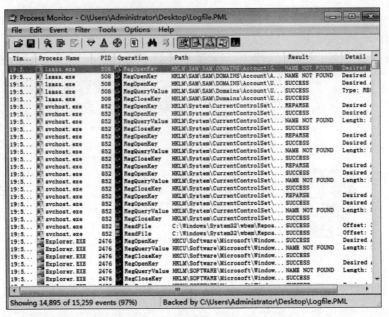

图 3-118   Logfile 文件内容

图 3-119   进程树

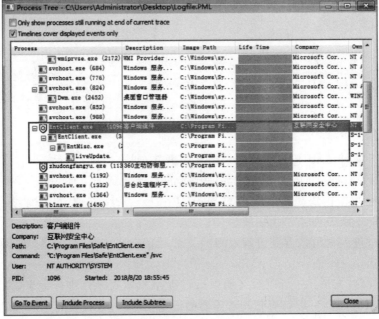

图 3-120   进程树界面

【实验思考】

（1）如何查看一个程序是否对指定文件夹进行文件读写操作？

（2）如何设置某程序对注册表的所有操作？

3.2.4　WinDbg 分析 dump 文件实验

【实验目的】

掌握用 WinDbg 分析 dump 文件的方法。

【知识点】

dump 日志抓取、dump 日志分析。

【场景描述】

A 公司某台终端 explorer 程序运行出现异常，安全运维工程师小王需要对 explorer 进程进行分析。请帮助小王完成相关分析。

【实验原理】

dump 文件是进程的内存镜像，在系统出现异常或者崩溃的时候，通过将程序的执行状态利用调试器保存到 dmp 类型文件中，再通过调试器进行调试，找出问题的位置。

WinDbg 是在 Windows 平台下，强大的用户态和内核态调试工具，可以用来分析 dump 数据。

【实验设备】

主机设备：Windows 7 主机 1 台。

【实验拓扑】

实验拓扑如图 3-121 所示。

终端

图 3-121　WinDbg 分析 dump 文件实验拓扑

【实验思路】

（1）使用 WinDbg 抓取 dump 日志。

（2）分析 dmp 日志。

【实验步骤】

（1）进入实验对应拓扑，登录终端。单击"开始"菜单→"所有程序"→Debugging Tools for Windows（x86）→WinDbg，如图 3-122 所示。

图 3-122　运行 WinDbg 程序

（2）单击 File→Attach to a Process 命令，开始加载进程，如图 3-123 所示。

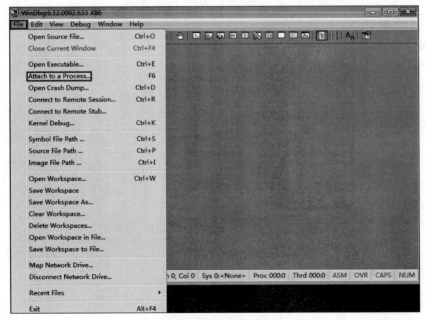

图 3-123　WinDbg 程序界面

（3）在弹出的 Attach to Process 对话框中，选择 explorer.exe 程序，单击 OK 按钮加载 explorer.exe 进程，如图 3-124 所示。

（4）在弹出的工作空间保存提示对话框中，单击 No 按钮，暂不保存该工作空间到 base 中，如图 3-125 所示。

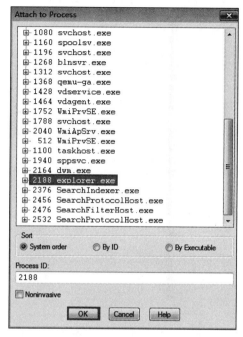

图 3-124　选择 explorer.exe 程序

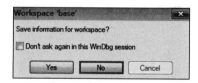

图 3-125　不保存到 base 工作空间中

（5）在 WinDbg 主界面的 Command 一栏中输入命令".dump -ma C:\windbg.dmp"，windbg.dmp 为转存的内存镜像，保存在 C 盘目录下，如图 3-126 所示。

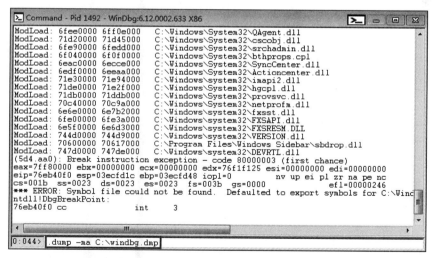

图 3-126　保存内存镜像

（6）命令执行成功后，会显示内存镜像保存成功，如图 3-127 所示。

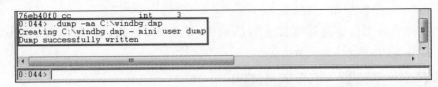

图 3-127　保存内存镜像成功

【实验预期】

使用 WinDbg 查看 dump 日志信息。

【实验结果】

（1）在 Command 中输入命令"!analyze -v"，按 Enter 键分析 dmp 文件中的异常或错误信息，如图 3-128 所示。

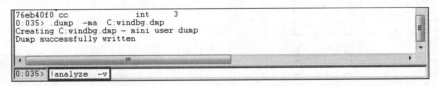

图 3-128　查询信息

（2）命令执行成功后，在显示的内容中，可以查看 dmp 文件中的异常信息，例如，分析得到的结果中显示 WRONG_SYMBOLS，表明有异常信息，如图 3-129 所示。

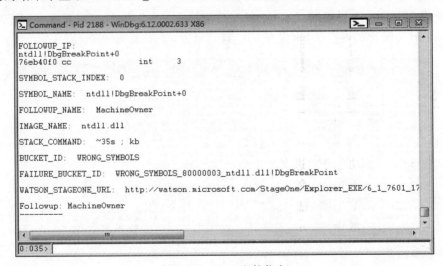

图 3-129　dmp 文件信息

（3）在 Command 中输入命令"kb"。k 命令显示给定线程的堆栈帧及一些相关信息，但是没有显示每个函数的参数。参数 b 可以显示放在栈上的前三个参数，如图 3-130

所示。

STACK_COMMAND: ~35s ; kb
BUCKET_ID: WRONG_SYMBOLS
FAILURE_BUCKET_ID: WRONG_SYMBOLS_80000003_ntdll.dll!DbgBreakPoint
WATSON_STAGEONE_URL: http://watson.microsoft.com/StageOne/Explorer_EXE/6_1_7601_17
Followup: MachineOwner

0:035> kb

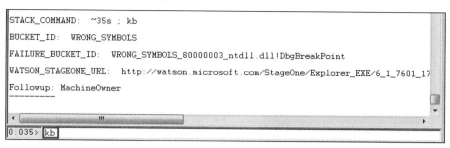

图 3-130 查询堆栈信息

(4) 按 Enter 键执行命令，命令执行成功后显示线程调用的堆栈信息，如图 3-131 所示。

0:035> kb
ChildEBP RetAddr Args to Child
WARNING: Stack unwind information not available. Following frames may be wrong.
03d2fb28 75fc3c45 00000000 03d2fb74 76ee37f5 ntdll!DbgBreakPoint
03d2fb34 76ee37f5 00000000 752714df 00000000 kernel32!BaseThreadInitThunk+0x12
03d2fb74 76ee37c8 76f1f125 00000000 00000000 ntdll!RtlInitializeExceptionChain+0xef
03d2fb8c 00000000 76f1f125 00000000 00000000 ntdll!RtlInitializeExceptionChain+0xc2
0:035>

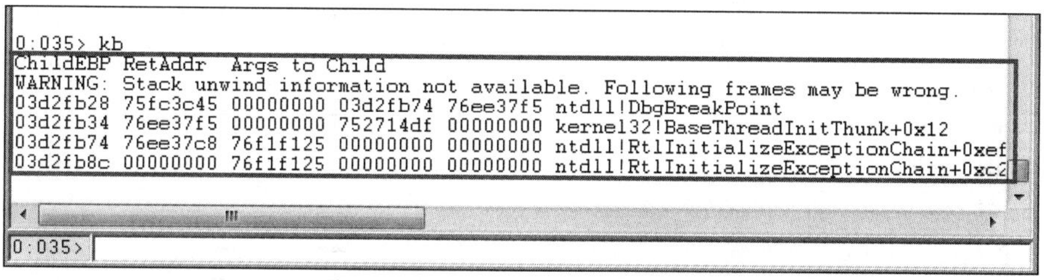

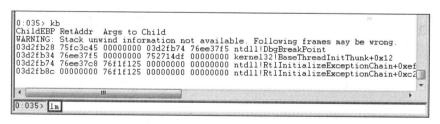

图 3-131 分析堆栈信息

(5) 在 Command 中输入命令“lm”，按 Enter 键查询当前进程加载的模块状态和路径等信息，如图 3-132 所示。

0:035> kb
ChildEBP RetAddr Args to Child
WARNING: Stack unwind information not available. Following frames may be wrong.
03d2fb28 75fc3c45 00000000 03d2fb74 76ee37f5 ntdll!DbgBreakPoint
03d2fb34 76ee37f5 00000000 752714df 00000000 kernel32!BaseThreadInitThunk+0x12
03d2fb74 76ee37c8 76f1f125 00000000 00000000 ntdll!RtlInitializeExceptionChain+0xef
03d2fb8c 00000000 76f1f125 00000000 00000000 ntdll!RtlInitializeExceptionChain+0xc2
0:035> lm

图 3-132 查询进程加载模块

(6) 命令执行成功后显示进程加载的模块和路径等信息，如图 3-133 所示。

(7) 在 Command 中输入命令“lmvm Explorer”。添加的 v 参数包括符号文件名、图像文件名、校验和信息、版本信息、日期戳、时间戳等信息；添加的 m 参数指定模块名称必须匹配的模式。本实验中，lmvm Explorer 表明查找与 Explorer 有关的加载模块信息，如图 3-134 所示。

(8) 按 Enter 键查看与 Explorer 有关的加载文件详细信息。命令执行成功后，显示与 Explorer 有关的 DLL 文件详细信息，如图 3-135 所示。

(9) 在 Command 中输入命令“lmf”，添加的 f 参数显示加载文件的完整路径，如图 3-136 所示。

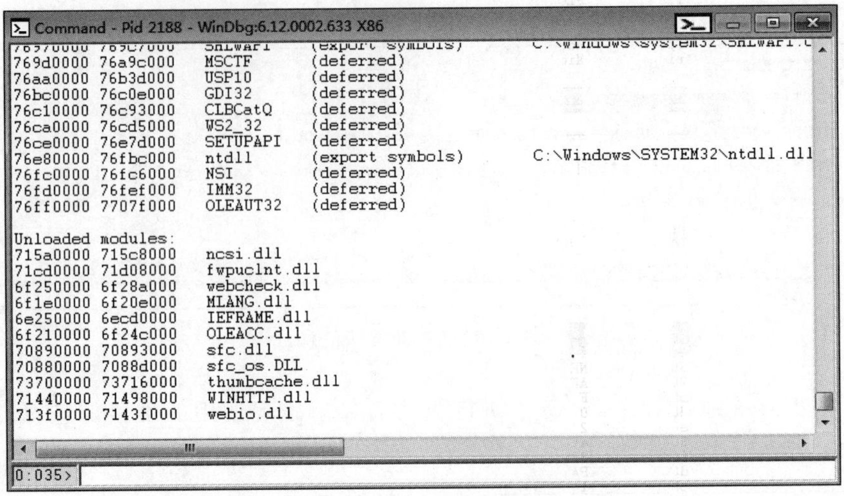

图 3-133　进程加载模块信息

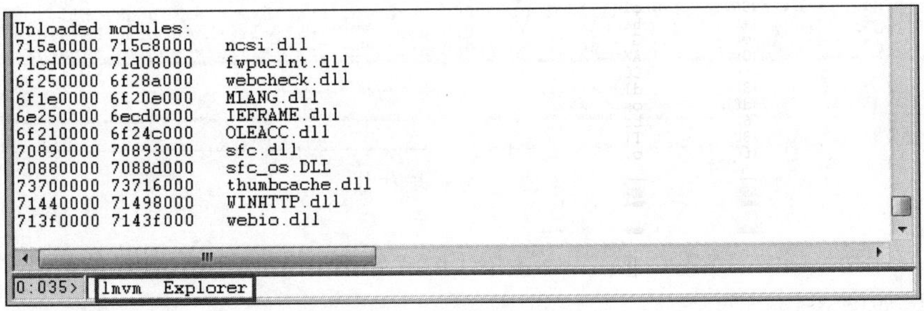

图 3-134　查询进程信息

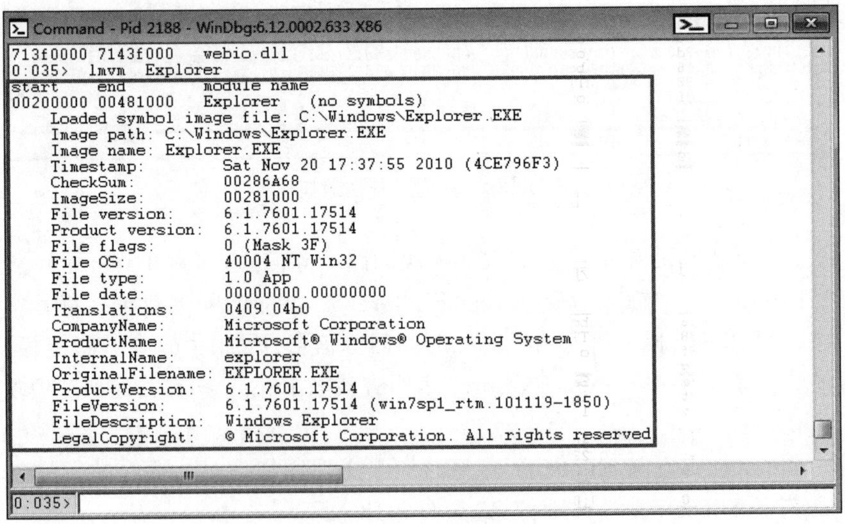

图 3-135　进程信息

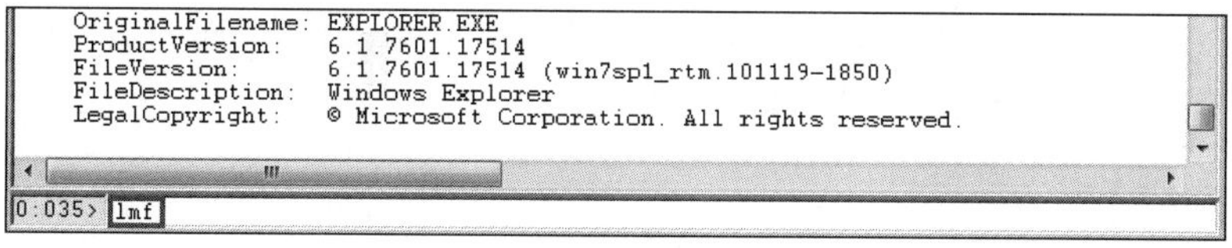

```
OriginalFilename: EXPLORER.EXE
ProductVersion:   6.1.7601.17514
FileVersion:      6.1.7601.17514 (win7sp1_rtm.101119-1850)
FileDescription:  Windows Explorer
LegalCopyright:   © Microsoft Corporation. All rights reserved.
```
```
0:035> lmf
```

图 3-136　查询进程加载 DLL 信息

（10）按 Enter 键执行命令，命令执行成功后显示的加载的 DLL 文件信息和路径，如图 3-137 所示。

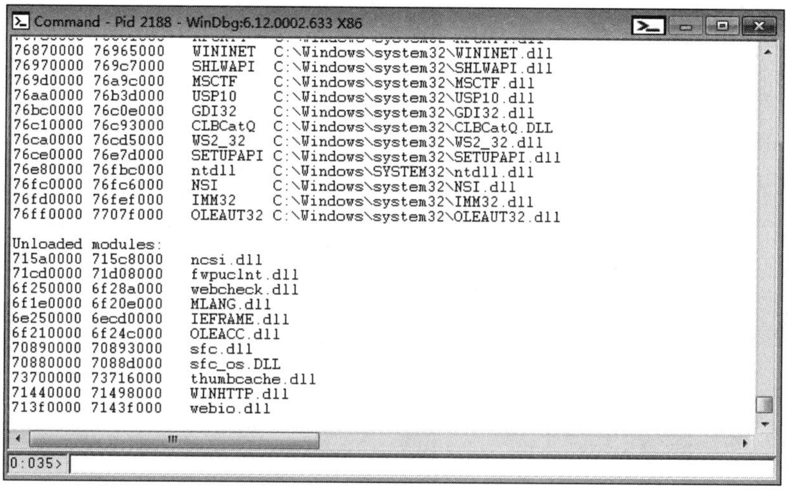

图 3-137　DLL 文件和路径信息

（11）在 Command 中输入命令"vertarget"，按 Enter 键查询目标计算机版本等信息，如图 3-138 所示。

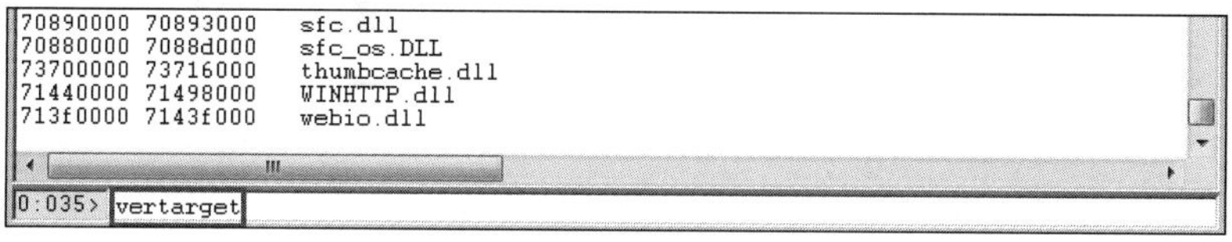

图 3-138　查询目标计算机信息

（12）命令执行成功后，显示目标计算机的版本等信息，如图 3-139 所示。

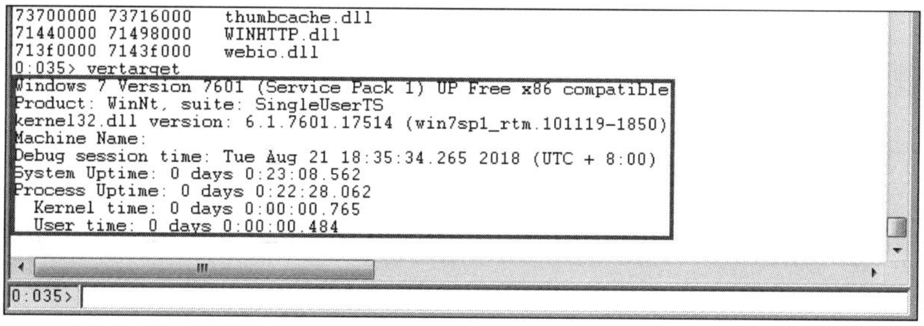

图 3-139　目标计算机信息

（13）WinDbg 可以对系统运行的进程导出 dmp 类型文件，并可对程序运行状态进行调试，查看调用的相关资源，满足实验预期。

【实验思考】

（1）WinDbg 主要支持哪几类命令？

（2）对于常用的状态窗口，如何保存该界面？

图 书 资 源 支 持

感谢您一直以来对清华版图书的支持和爱护。为了配合本书的使用,本书提供配套的资源,有需求的读者请扫描下方的"书圈"微信公众号二维码,在图书专区下载,也可以拨打电话或发送电子邮件咨询。

如果您在使用本书的过程中遇到了什么问题,或者有相关图书出版计划,也请您发邮件告诉我们,以便我们更好地为您服务。

我们的联系方式:

地　　址:北京市海淀区双清路学研大厦 A 座 714

邮　　编:100084

电　　话:010-83470236　010-83470237

客服邮箱:2301891038@qq.com

QQ:2301891038(请写明您的单位和姓名)

资源下载:关注公众号"书圈"下载配套资源。

书圈

获取最新书目

观看课程直播